可換裝布偶

手作偶像娃娃
BOOK

平栗AZUSA

序言

喜歡的偶像布偶（偶像娃娃）就陪在自己身邊是多麼美好的事。
倘若手邊沒有偶像娃娃，何不自己動手做一個！

本書將介紹由3種身體尺寸和15種髮型組合的「娃娃」，
種類繁多，選擇多樣。
而且還有依照每種身體尺寸的服飾製作方法，讓大家沉浸在娃娃換裝的樂趣。

娃娃縫製主要使用的布料名稱為「軟絨毛」和「邊綸布」，經常用於製作市售的布偶娃娃。
過去在日本國內很難取得這些材料，
不過最近透過網路購買等管道，材料取得變得簡單多了。
布料方便縫製，又能做出完成度極高的「娃娃」成品，
所以建議大家試試用軟絨毛和邊綸布縫製娃娃。

髮型製作不盡相同，有些步驟較為複雜，有些還需要重疊多片布料縫製，
或許對大家來說有點難度。建議大家先仔細閱讀製作方法，確認從開始到完成的步驟，
一邊了解構造一邊製作。

我認為布偶娃娃並沒有所謂的正確作法。
想盡量用簡單的方法製作、想縫製出理想的輪廓、想有效率的大量製作……
娃娃縫製應該隨著個人喜好和目的，而有更好的製作方法。
在設計本書的娃娃時，我的目標是做出擁有玩具般的可愛輪廓，
以及容易縫製又牢固的成品。
我希望這本書能激發大家自由設計出專屬於自己的玩偶娃娃。

讓我們一起縫製出許多
滿滿棉花、滿滿愛的可愛「偶像娃娃」吧！

平栗AZUSA

contents

全部皆為邊繪布娃娃（小）（p.32）
【上方照片】髮型：【左】髮尾染色鮑伯頭（p.25）【右】精靈耳切齊鮑伯頭（p.25）
【左下方照片】髮型：【左】平頭（p.27）【右】基本髮型（p.23）
【右下方照片】髮型：【左】鋸齒髮（有狼尾）（p.24）
服裝：連帽衣（p.71）、T恤（p.81）、褲襪（p.84）、浴帽（p.82）

全部皆為軟絨毛娃娃（中）（p.32）
【上方照片】髮型：【左】蓬鬆燙髮（p.25）【右】基本髮型（p.23）
【下方照片】髮型：【左】沖天短髮（p.24）【右】鋸齒髮（無狼尾）（p.24）
服裝：T恤（p.81）、褲襪（p.84）、布偶裝（p.86）

全部皆為軟絨毛娃娃（中）（p.32）
【上方照片】髮型：【左】鋸齒髮（無狼尾）（p.24）【右】鋸齒髮（有狼尾）（p.24）
【下方照片】髮型：【左】挑染長髮（p.26）【中間】髮尾染色鮑伯頭（p.25）【右】沖天短髮（p.24）
服裝：連帽衣（p.71）、T恤（p.81）、褲襪（p.84）、褲子（p.83）、鞋子（p.84）

全部皆為軟絨毛娃娃（中）（p.32）
髮型：【左】精靈耳切齊鮑伯頭（p.25）
【中間】丸子頭（p.26）【右】外翹鮑伯頭（p.25）
服裝：有領上衣（p.82）、裙子（p.67）、圍裙和髮箍（p.74）、鞋子（p.84）

【左】軟絨毛娃娃（中）【右】邊綸布娃娃（小）（皆在p.32）
＊髮型皆為貓耳雙馬尾（p.26）
服裝：連帽衣（p.71）、褲襪（p.84）、鞋子（p.84）

全部皆為軟絨毛娃娃（大）（p.42）
髮型：【左】鋸齒髮（無狼尾）（p.24）【右】蓬鬆燙髮（p.25）
服裝：T恤（p.64）、褲子（p.66）、連帽衣（p.71）、鞋子（p.80）

【照片中間】由左至右
軟絨毛娃娃（中）（p.32）髮型：馬尾
（p.26）／軟絨毛娃娃（大）（p.42）髮
型：基本髮型（p.23）、髮型：鋸齒髮（有
狼尾）（p.24）／邊綸布娃娃（小）（p.32）
髮型：丸子頭（p.26）／軟絨毛娃娃（大）
（p.42）髮型：丸子頭（p.26）

服裝：西裝外套（大）（p.68）、西裝
外套（中、小）（p.85）、有領圍兜
（p.70）、褲子（大）（p.66）、褲子
（中、小）（p.83）、褲襪（p.84）、
鞋子（大）（p.80）、鞋子（中、小）
（p.84）、派對帽（p.62）

工具

以下將介紹本書使用的工具。

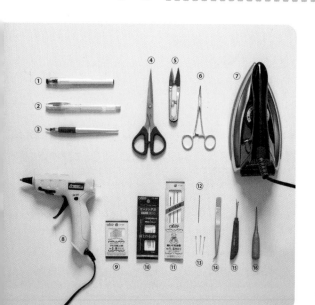

① **細字魔擦筆**
在布料描繪紙型時使用的工具。經吹風機的熱風吹過即消失，所以可保持布料乾淨。

② **白色筆**
在黑色或藏青色等深色布料描繪紙型時使用。

③ **筆刀**
裁切影印後的紙型或眼鏡的硬毛氈時使用。

④ **手工藝剪刀**
娃娃的紙型較小，所以建議使用便於剪裁細小部分的剪刀。

⑤ **線頭剪**
剪線時使用。

⑥ **手工藝返裡鉗**
縫好後將娃娃翻回正面時，若有這個工具將方便作業。

⑦ **熨斗**
將娃娃布料相互貼合或在衣服標記出摺痕時使用。

⑧ **熱熔膠槍**
黏貼娃娃頭髮時使用。

⑨ **刺繡針**
縫製娃娃眼睛和嘴巴等刺繡時使用。

⑩ **縫線針**
縫合時使用。建議選擇縫製拼布等使用的細短針。

⑪ **娃娃針**
縫上眼睛的鈕扣或調整平均棉花分布時使用。

⑫ **毛線針（編織用）**
在褲子腰圍穿入鬆緊帶時使用。

⑬ **珠針**
縫合前，固定布料時使用。

⑭ **鑷子**
縫合時或調整細節時使用。

⑮ **拆線器**
將接縫處拆開時使用。

⑯ **錐針**
縫上塑膠按扣時使用。

材料

本書使用的主要材料。

娃娃身體和頭髮的布料

軟絨毛
這是一種針織布料，特色是有鬆軟的短絨毛。

正面

反面

邊綸布
布料薄，表面呈線圈狀。不會綻開，所以邊緣不需經過防綻處理。也可以改用黏扣針織或黏扣布。縫製娃娃時使用正面，縫製衣服時正反面皆可使用。

娃娃衣服的布料

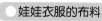

平滑針織
有彈性的布料。也可使用天竺棉。也可剪下市售的T恤，用於娃娃縫製。

〈市售T恤〉

羊毛氈
本書用於貓耳部件（p.26）。

硬毛氈
本書用於眼鏡部件（p.25）。

合成皮
本書用於鞋子部件（p.80）。

手工藝棉花
填充娃娃的身體。

縫線
有車縫線也有手縫線。

木屑顆粒
放在軟絨毛娃娃（大）的腳底。

熨燙貼襯
用於布料之間的黏合。

魔鬼氈
建議選擇用於娃娃製作的薄度。

扁平鬆緊帶
用於褲子的腰圍，寬約3.5mm。

鈕扣
本書使用塑膠按扣和裝飾鈕扣。

關於車縫和手縫

本書雖然使用車縫，但大家也可以使用手縫製作。請依照適合自己的方法縫製。

車縫

最大的特色是可短時間內縫製出密實的針腳。但為了將細小的弧狀部分縫合出立體形狀，必須多加熟練。

手縫

用半迴針縫（p.36）縫製，手縫也可縫出漂亮的成品。相比於車縫較為費時，但是可以不慌不忙地慢慢縫製，對初學者來說較為容易。

手縫的要領

這是半迴針縫的範例。調整縫線的鬆緊為要領。

縫線拉得太緊，布料也會跟著緊縮。娃娃就會變小，而影響成品的美觀。

縫線過鬆，棉花填充時，縫線就會明顯外露。因此縫製時的力道調控為要領。

初學者須瞭解的
手作用語

以下將介紹娃娃縫製步驟中會出現的手作用語，請初學者先熟悉了解。

燙開縫份

將縫份打開燙平就不會影響表面的平整，要領是燙平。

在這裡！

縫份

正面相對

將兩片布料的正面相向對齊。

打褶

為了在平面布料做出立體感的手法。只要依照本書紙型描繪的線條縫製，就會呈現出立體打褶。

打褶止點
〈紙型〉

對齊記號

這是指本書紙型中標註的英文字母、平假名或片假名。將相同的文字標記對齊。

合印點

這是指本書紙型中標註的記號或三角形的兩端。這是多個部件對齊時的標記。

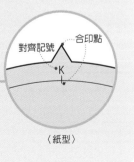
合印點
對齊記號
K
〈紙型〉

縫製娃娃的訣竅

描繪紙型，剪裁布料，確認對齊記號，對齊合印點後縫製……
娃娃縫製的基本僅此而已。正因為重複相同的作業，
只要按步就班仔細縫製，就可以做出更加完整漂亮的成品。

確實對照布紋

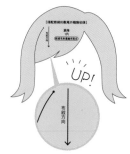

紙型一定會如同右邊一樣標註「布紋方向」。在布料描繪紙型時，一定要確認布紋方向。只要正確依照布紋方向，輪廓就不容易變形，也不會出現布紋相反的情況，所以就可以做出觸感舒適的娃娃。

紙型描繪正確且剪裁整齊！

這是非常基本又單純的作業，卻是對成品影響甚鉅的步驟。尤其請大家要正確描繪出完成線以及合印點。將布料依照紙型剪裁後，完成線以及合印點就成了大家作業時的依據。

剪裁時，連剪刀前端都要貼合線條精準裁切。雖然用不鋒利的剪刀也可以剪下布料，不過成品就會變形歪斜。

製作時將紙型放在一旁經常參照！

紙型描繪完成後不要立即丟棄，而請放在手邊。當我們要接合不同部件時，紙型上標註的對齊記號可當成線索依據，是作業時的重要資訊。

縫製時要知道自己當下縫製的部分

娃娃縫製是要將許多部件立體縫合組成，在尚未熟悉作業時，大家可能會像迷路的孩子般充滿不確定的感覺。本書在作業步驟的照片右上角會有畫面轉場的小圖示。其中在娃娃身上描繪的紅線，代表正在處理哪個部分的作業，所以請大家在縫製的同時，確認現在處理到哪一個部分。

請參考轉場圖示

正確對齊合印點

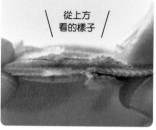
從上方看的樣子

從正面看的樣子

1 一邊確認紙型，一邊對齊兩處合印點，分別是①描繪在縫份的合印點和②三角形突出的合印點。用珠針將部件固定時，若有正確對齊三角形的合印點，布料之間就不會發生微微偏離的情況。

2 右側為縫份燙開部分（p.11）合印點對齊的樣子。由於縫份經過燙開縫製，所以合印點也整齊相對。

Lesson 1

一起設計娃娃

我們一起想想要做
哪種娃娃！

這本書介紹的作法可以將大家的偶像變成娃娃喔。

Lesson 1中不但說明了將偶像設計成娃娃的訣竅,還介紹了**髮型的表現方法**。

縫嶋職人變成娃娃?

Lesson 2～4中透過縫製過程的照片解說實際的步驟,對手作初學者來說也很簡單明瞭。

Lesson 5還可讓大家做出適合娃娃的衣服。

連這些內容都有嗎?

哇嗚—

哇—♡

大家何不透過娃娃展現自己對偶像的愛呢?

來試試看吧!

詳細作法請見下一頁!

STEP **1**

在本書可學會的3種娃娃縫製

本書將為大家介紹大、中、小3種尺寸的娃娃作法。

軟絨毛娃娃（中）

Medium

約**17cm**

> 若是初學者，
> 建議從這個尺寸
> 開始縫製

大大的頭部＋
簡單的身體，
縫製容易！

這是用蓬鬆軟絨毛布料（p.10）縫製的中等尺寸娃娃。因為是標準尺寸，所以連複雜部分的縫製都很容易。身體由2片布料縫合而成，「2片接合」的類型對初學者而言也能輕鬆挑戰。頭部相對於身體顯得比較大，如同Q版角色。

Size

身高：約17cm
頭圍：約28cm
從脖子到腳尖：約7.5cm
兩手打開的寬度：約10cm

作法：第32頁

※娃娃標示的尺寸會因為布料縮率和縫製方法、棉花填充的多寡等因素出現誤差，請大
　家當成大概的參考即可。

邊綸布娃娃（小）

用容易縫製的邊綸布，
製作手掌大小的娃娃

臉部以及身體使用的布料不同於其他娃娃。邊綸布（p.10）比軟絨毛布料還薄，且容易縫製！娃娃的尺寸約手掌大小，最適合攜帶出遊。這款相當推薦給想在戶外拍照的人製作。不過由於尺寸較小，相對來說細節處的縫製會稍微有點難度。娃娃不論大小作法幾乎大同小異，所以建議先練習中等尺寸的娃娃縫製，再進階縫製小尺寸的娃娃。

Small

約11cm

很適合攜帶出遊

Size
身高：約11cm　頭圍：約17.5cm
從脖子到腳尖：約5cm
兩手打開的寬度：約7cm

作法：第32頁

理想中可自行站立的身體

Big

約20cm

軟絨毛娃娃（大）

紙型部件雖多，
但是質感絕佳！
身體可自行站立的正統娃娃

身體分區細膩，從手臂、身體、腳開始就需要製作多塊部件，看起來有一定的難度，然而只要按步就班縫製就不用害怕。不過大家或許要有點耐心。頭部大小和軟絨毛娃娃（中）為相同尺寸。
推薦給想讓娃娃穿上精緻服裝、可自由為娃娃換裝的人縫製。

Size
身高：約20cm　頭圍：約28cm
從脖子到腳尖：約11cm
兩手打開的寬度：約14cm

作法：第42頁

Preview
3種尺寸的身高比較

娃娃縫製的事前準備

STEP 2

描繪娃娃的設計圖

大家想做甚麼樣子的娃娃？先試著描繪出自己專屬的設計吧！

想想要縫製哪一種娃娃

第一步

先參考書中設計

大家是不是看到「娃娃設計」這幾個字就擔心，「我怎麼會設計，我完全就不在行⋯⋯」、「我不會畫畫，畫不出設計圖⋯⋯」。但是，大家不要害怕！本書有3種身體尺寸（請參考第16～17頁），所以依樣畫葫蘆即可做出身體。
有關頭部的關鍵要素髮型，書中也介紹（請參考第23～27頁）了包括短髮到長髮的15種髮型，大家一定可以從中找出類似自己偶像的髮型。而且髮型還可自由搭配組合。大家也可以調整紙型的頭髮長短和髮尾形狀，就可以設計出原創髮型。

正面、側面和後面

各種角度資料
有助於將平面轉為立體

只從正面視角無法理清的髮型，就從各個角度觀看並且分析構造。除了正面的資料之外，倘若有蒐集到側面或後面的樣子，將有助於近一步了解髮型結構。如果有影片資料，大家也可以暫停後觀察，或是將髮型相似的角色人偶或娃娃實際放在手邊觀看。娃娃縫製時最重要的關鍵要素，就是對偶像的喜愛和觀察力。

重要特徵

運用設計模板★

只要將偶像的特徵套用在事先繪有身體和臉部的設計模板（請參考第28～29頁），就可以完成娃娃的設計草稿。然後如右頁一樣上色並且列出偶像的特徵，就能更完整娃娃的模樣。

描繪草稿

原本的
角色

〈 第14～15頁出場的娃娃職人縫嶋大師 〉

Point

Q版設計的重點

掌握想做成娃娃的
偶像特徵

☑ 髮型特徵
- 哪一種形狀？
- 哪個部分為其特徵？

☑ 眉毛特徵
- 往上揚？
- 往下垂？
- 長短？

☑ 嘴巴給人的印象？

➡ 詳細部件請見下一頁

若已經有二頭身的
角色插畫，
請多多參考利用。

娃娃的設計
草稿

淺棕色頭髮
頭頂成圓形

後腦勺清爽俐落

長眉毛
線條平緩
稍微往下垂

眼睛使用布貼

請多多利用第28頁的設計模板！

娃娃縫製的事前準備

STEP **3**

決定表情

將偶像代表性的表情，展現在娃娃的臉上吧！

> **眉毛的位置與方向、嘴型
> 是決定娃娃臉部的關鍵部件。**

娃娃的表情選擇，是提升偶像娃娃質感的必備要
素。陽光洋溢的笑臉？溫柔的微笑？還是有點困
惑、想哭或生氣的臉。
利用代表偶像個性的表情做成娃娃，就可以瞬間拉
近和偶像的相似度。

〈 娃娃臉部樣本 〉

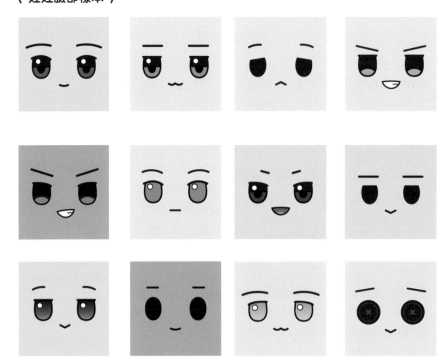

娃娃縫製的事前準備

STEP **4**

決定眼睛的材料

想想縫製時會需要多少時間來決定吧！

\ 之後添加即可！ /

鈕扣

難易度 ★

🔍 **材料：自己喜歡的鈕扣**

有各種大小顏色和形狀，依喜好自由選擇。

🔍 **準備**

娃娃縫製完成後
加上鈕扣即可，
填充好棉花後，
仔細想想眼睛的
位置再縫上。

\ 用熨斗燙貼 /

刺繡布貼

難易度 ★★

🔍 **材料：市售的刺繡布貼**

🔍 **準備**

需要購買刺繡布
貼。使用時用熨
斗將刺繡布貼黏
在繪有紙型的布
料後縫合。

\ 原創設計的臉 /

熱轉印布

難易度 ★★★

🔍 **材料：市售的列印用熱轉印布**

🔍 **準備**

事先用電腦製作
眼睛和嘴巴的圖
案，再列印在市
售的熱轉印布，
並用熨斗黏在繪
有紙型的布料。

\ 挑戰！ /

刺繡

難易度 ★★★★★

🔍 **材料：刺繡線**

🔍 **準備**

在畫有圖案的布
料上一針一針刺
繡縫製。適合想
做出完全原創娃
娃的人。

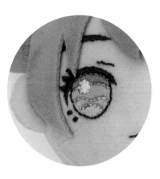

➡詳細內容請見第34～35頁！

娃娃縫製的事前準備

STEP 5

一起來分析髮型

偶像娃娃製作的關鍵重點！一起挑選符合偶像的髮型。

複雜的髮型也可拆解分區來構思

看起來複雜的髮型，透過右圖般的部件組合，就可以變化成娃娃的造型。

從髮型目錄（p.23～p.27）挑選最相近的髮型，調整髮尾長度和部件形狀，就能做出近似偶像的髮型。

當然若是初次嘗試的人，建議先依照紙型製作，也比較容易了解縫製步驟。尤其是基本髮型，作法最為簡單。

即便是複雜的髮型……

瀏海
+
鋸齒髮
+
後面的頭髮 or 狼尾
+
其他部件

經過組合就可完整呈現！

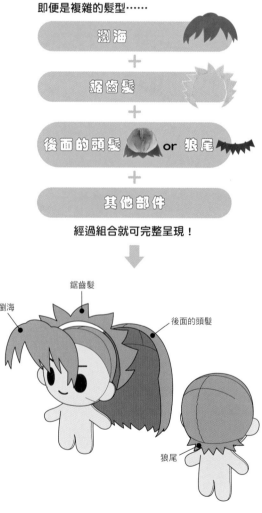

鋸齒髮
瀏海
後面的頭髮
狼尾

原本的角色

完成的縫嶋娃娃！

娃娃的髮型目錄
Hair Catalog

選擇適合偶像的髮型！

從短髮涵蓋到長髮、甚至光頭！請選擇自己喜歡的髮型。

※目錄中的照片為軟絨毛娃娃（中）（只有短直髮為大尺寸娃娃）

※軟絨毛娃娃（大）（中）的頭部尺寸相同，所以頭髮的紙型通用。

※邊繪布娃娃（小）也可以做出相同髮型。不過需要將紙型縮小使用，因此詳細作法請確認該髮型的紙型頁面（p.96～p.112）。

基本篇

「額頭」和「後腦勺」為頭髮的基底。在其上添加「瀏海」，就可做出Lesson 2、3介紹的「基本髮型」娃娃。

額頭　　後腦勺

〈 構成基本髮型的部件 〉

額頭和後腦勺
（※1）（※2）

＋

瀏海

應用篇

 鋸齒髮

 狼尾

 狼尾用的後腦勺

 後面的頭髮

 填充棉花的部件

 雙色髮

其他各種部件

 貓耳　　 精靈耳

 平頭　　 光頭

※1 若是「平頭」使用額頭專用部件，若是「光頭」使用臉部專用部件。

※2 若有狼尾，需使用「狼尾用後腦勺」部件。其他髮型則使用「後腦勺（標準）」紙型。

基本髮型　　瀏海

最簡單的短髮

Back

作法：
Lesson 2、Lesson 3

難易度 ★

短直髮

瀏海 鋸齒髮 狼尾 狼尾用後腦勺

用鋸齒髮＋狼尾
打造經典的王子角色！

Back

作法：
鋸齒髮（p.50）
狼尾（p.52～p.54）
難易度 ★★★★★

沖天短髮

瀏海 鋸齒髮 狼尾 狼尾用後腦勺

後梳髮型＋沖天短髮的
運動風造型★

Back　　Side

作法：
鋸齒髮（p.50）
狼尾（p.52～p.54）
難易度 ★★★★★

鋸齒髮（無狼尾）

瀏海 鋸齒髮

用雙層瀏海營造
立體感絕佳的髮型！

Back

作法：
鋸齒髮（p.50）
難易度 ★★★

鋸齒髮（有狼尾）

瀏海 鋸齒髮 狼尾 狼尾用後腦勺

王道主角的角色髮型？
陽光有朝氣。★

Back

作法：
鋸齒髮（p.50）
狼尾（p.52～p.54）
難易度 ★★★★★

外翹鮑伯頭

瀏海　後面的頭髮

後面為直髮的
清秀型角色！

Back　Side

作法：
後面的頭髮和眼鏡
（p.51）

難易度 ★★

蓬鬆燙髮

瀏海　鋸齒髮　狼尾　狼尾用後腦勺

蓬鬆微捲燙髮的
時尚角色！

Back

作法：
鋸齒髮（p.50）
狼尾（p.52～p.54）

難易度 ★★★★★

髮尾染色鮑伯頭

瀏海　後面的頭髮　雙色髮

中分加雙色髮的
前衛髮型！

Back　Side

作法：
後面的頭髮（p.51）
雙色髮（p.55～p.56）

難易度 ★★★

精靈耳切齊
鮑伯頭

瀏海　後面的頭髮　精靈耳

尖形耳加上
木偶型齊髮！★

Back　Side

作法：
精靈耳（p.50）
後面的頭髮（p.51）

難易度 ★★

挑染長髮

瀏海 ｜ 後面的頭髮

瀏海為雙色重疊的華麗長髮！

Back **Side**

🔍 作法：
後面的頭髮
（p.51）

難易度 ★★

馬尾

瀏海 ｜ 填充棉花

兼具可愛和灑脫的萬能馬尾髮型！

Back **Side**

🔍 作法：
填充棉花的部件和
馬尾（p.56）

難易度 ★★

貓耳雙馬尾

瀏海 ｜ 填充棉花 ｜ 雙色髮 ｜ 貓耳

毛毛貓耳＋俏麗雙馬尾！

Back

Side

🔍 作法：
填充棉花的馬尾部件（p.56）
填充棉花的貓耳部件
（p.57～p.58）

難易度 ★★★★

丸子頭

瀏海 ｜ 填充棉花

最可愛的髮型，圓呼呼丸子頭！

Back **Side**

🔍 作法：
填充棉花的
丸子頭部件
（p.59～p.60）

難易度 ★★

平頭

平頭

連髮際線邊緣的
細節都不馬虎!

Back

作法:
平頭(p.61)

難易度 ★

光頭

光頭

光滑又柔軟!
完全的光頭造型。

Back

作法:
光頭(p.60)

難易度 ★

Column

改造技巧

依照偶像製作髮型
好玩又有趣。

部件組合有無限可能

「鋸齒髮」和「狼尾」在娃娃縫製
時的步驟有很大的差異,還請小心
留意,不過基本上本篇介紹的髮型
都可以任意組合。尤其瀏海並沒有
限制。例如丸子頭的瀏海也可以搭
配馬尾。

光頭還可加上假髮。

只要戴上市售的假髮,就可以輕鬆
變化髮型,建議想在娃娃頭上添加
市售假髮或髮箍時使用這款髮型。

填充棉花的部件
應用廣泛!

填充棉花的部件有「馬尾」、「雙馬
尾」和「丸子頭」,這些分別製作
的部件都只需要縫在娃娃的後腦勺
即可。只要變化紙型就可以依照自
己喜歡的形狀,做出填充棉花的部
件。

娃娃的設計模板

列印即可使用！

縫製娃娃前請當成描繪設計草稿的底稿使用。

邊繪布娃娃
（小）

軟絨毛娃娃
（大）

軟絨毛娃娃
（中）

※放大列印（180%），就會是接近原尺寸的大小。（會因為布料縮率和縫製方法、棉花填充的多寡等因素出現誤差，
　請大家當成大概的參考即可。）

臉部部件配置用 設計模板

用左頁的設計模板決定想縫製的娃娃大小和設計後，還要仔細確認臉部長像。
請參考模板，設計出自己專屬的娃娃臉部。

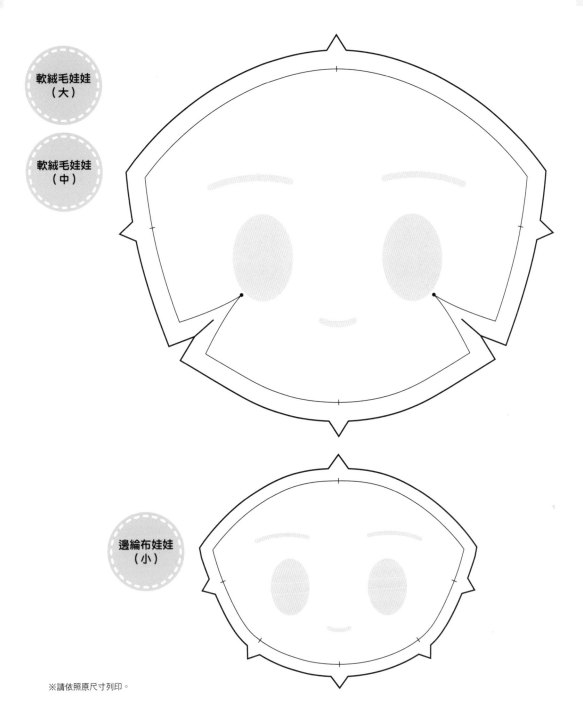

軟絨毛娃娃
（大）

軟絨毛娃娃
（中）

邊繪布娃娃
（小）

※請依照原寸列印。

太棒了!

Column

用骨架部件
就可擺出姿勢！

在本書介紹的娃娃添加「骨架部件」，
娃娃就能像可動人偶一樣擺出姿勢。

骨架

〈軟絨毛娃娃（大）〉

〈軟絨毛娃娃（中）〉

我可以動囉！

骨架添加方法

1

娃娃縫好後，
從棉花填充口
放進骨架部
件。

2

如同在骨架周
圍添加肌肉，
平均填充棉花
即完成。

邊緣布娃娃（小）&
軟絨毛娃娃（中）的作法

（小）和（中）的
作法步驟一樣喔！

準備材料

基本髮型的
邊綸布娃娃（小）

紙型：請參考第94～95頁
（基本髮型請參考第96頁）

- 身體用的邊綸布：長15×寬30cm
- 頭髮用的軟絨毛：長15×寬25cm（※1）
- 頭髮用的邊綸布：長8×寬11cm（※1）

基本髮型的
軟絨毛娃娃（中）

紙型：請參考第90～93頁
（基本髮型請參考第96頁）

- 身體用的軟絨毛：長20×寬45cm
- 頭髮用的軟絨毛：長20×寬40cm（※1）
- 頭髮用的邊綸布：長10×寬18cm（※1）

通用材料

- 眼睛部件（p.34～p.35）
- 刺繡線（用於眉毛和嘴巴）
- 手工藝棉花　約7g（小）、約30g（中）
- 縫線

※1　若是基本髮型，需要的布料尺寸會因為髮型而有所不
　　同。請事先在紙型確認尺寸。
※2　小和中娃娃的紙型大小不同，但是作法步驟相同。

縫製前黏合瀏海部件

縫製前需要先黏合瀏海部件，請做好事前準備。

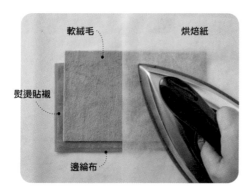

軟絨毛　　　　烘焙紙

熨燙貼襯

邊綸布

1 用於瀏海部件的布料正面朝外，中間夾著熨燙貼襯

由下而上的重疊順序分別是邊綸布、熨燙貼襯、軟絨毛和烘焙紙。

Point

頭髮部件的組合

在基本髮型中只有瀏海需要黏貼。其他髮型請詳細閱讀紙型的注意事項。本書介紹的布料黏貼都依照如上步驟處理。

一個地方
用力按壓10秒

熨斗溫度為中溫
（140℃左右）

2 用熨斗緊密黏貼

每個地方都利用體重加壓黏合。若使用蒸氣熨斗，熨燙面的凹凸紋路會印在布料上，所以只用平坦的熨燙面熨燙。

NG

若黏貼不緊密
邊緣會分離。

〈邊繡布娃娃（小）〉  〈軟絨毛娃娃（中）〉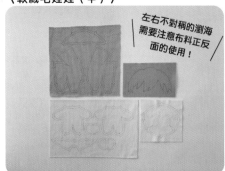

左右不對稱的瀏海
需要注意布料正反
面的使用！

3 在布料描繪紙型

完成眼睛刺繡時，先在布料描繪紙型後，再套上刺繡框（p.35）。一旦剪下布料後，刺繡作業就變得較為困難，所以還請留意。其他部分只要描繪好紙型後，裁剪出大略的形狀即可。

紙型的描繪方法　這雖然是一個單純的步驟，不過卻是影響成品完成度的關鍵要點。請選擇可以清楚描繪在布料的筆色。

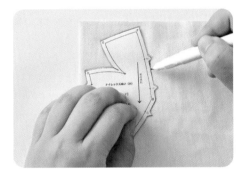

① 依照列印的紙型裁剪後，放在布料的反面。用手壓住紙型，並且用筆描繪出輪廓。若擔心位移，用雙面膠固定即可。

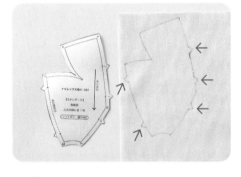

② 步驟 ① 描繪完成的樣子。三角形的合印點也要清楚畫出。

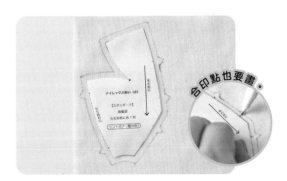

合印點也要畫。

③ 沿著完成線剪下步驟 ② 的紙型，並且放在步驟 ② 描繪的線條內側，用筆描繪出輪廓（稍微調整位置，讓縫線寬度平均）。這圈輪廓線就是縫線的位置。

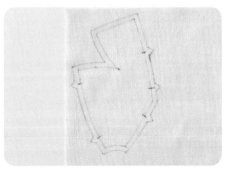

④ 紙型描繪完整的樣子。

添加眼睛

配合想縫製的娃娃模樣，選擇適合的眼睛部件。選擇時也要考慮縫製所需的時間。

鈕扣

1 娃娃縫製完成後，將娃娃針穿線，並且將針從脖子後面往眼睛的位置刺，即可將鈕扣縫合。

2 縫好後，在脖子後面打結。

3 將打結後的針尖穿過後腦勺並剪斷縫線，隱藏線頭。

後續縫合即可！

若選擇鈕扣，娃娃縫製完成後縫合即可。
若縫合得不理想，拆除重新縫上即可，所以是很適合初學者選擇的一種方式。雖然和個人喜好有關，不過挑選稍微大一點的鈕扣，比較容易決定臉部比例，也可以展現出可愛的表情。

刺繡布貼

用熨斗燙貼黏合即可！

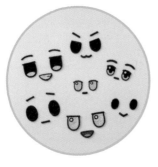

在布料描繪紙型，貼上刺繡布貼後，再剪裁布料。娃娃縫製完成後，娃娃身體裡滿滿的手工棉花會不利於黏合，刺繡布貼不容易貼得漂亮。

列印用熱轉印布

可設計原創眼睛！

這種布料用家用印表機列印即可。請選擇背面有熨燙黏膠的產品。以刺繡很難呈現的漸層和細節設計，都可以透過列印的方式漂亮呈現。

刺繡

剪裁布料前先套在刺繡框

刺繡時,若如左邊照片般套在刺繡框中較容易縫製。若先剪裁布料,不但不容易套在刺繡框中,也會增加刺繡作業的難度。

若有心力和時間,
建議大家一定要試試看!

乍看似乎難度很高,但是只要多加練習,就可從中獲得很高的成就感,也能大大提升作品的完成度。重點就在於一針一針悉心縫製。然而相較於其他方法的確需要比較多的時間。建議大家不需要急於一時,可以多花幾天的時間,有耐心地慢慢作業。

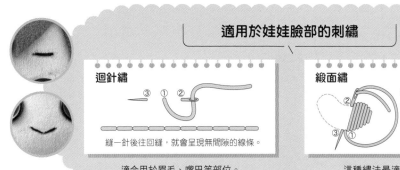

適用於娃娃臉部的刺繡

迴針繡
③ ① ②

縫一針後往回縫,就會呈現無間隙的線條。

適合用於眉毛、嘴巴等部位。
最適合勾勒出簡單的線條。

緞面繡
② ③ ①

縫線呈平行並列的樣子,填滿整個圖形。

這種繡法最適合用於眼睛內部等塊面的填補。

刺繡的圖案

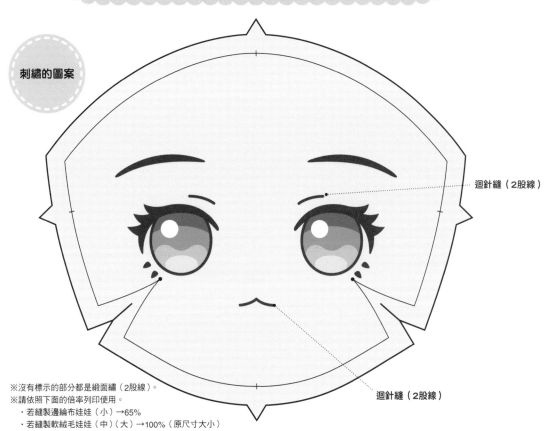

迴針縫(2股線)

迴針縫(2股線)

※沒有標示的部分都是緞面繡(2股線)。
※請依照下面的倍率列印使用。
・若縫製邊繪布娃娃(小)→65%
・若縫製軟絨毛娃娃(中)(大)→100%(原尺寸大小)

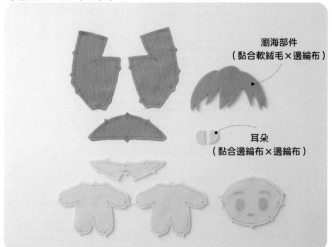

〈邊綸布娃娃（小）〉

瀏海部件
（黏合軟絨毛×邊綸布）

耳朵
（黏合邊綸布×邊綸布）

4 剪出所有部件。

邊綸布是一種剪裁後不需經過防綻處理的布料，所以布料邊緣的修整簡單。

※依照第32頁的步驟 1 和 2，將2片邊綸布黏合成耳朵。

〈軟絨毛娃娃（中）〉

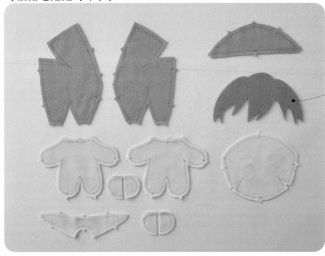

瀏海部件
（黏合軟絨毛×邊綸布）

軟絨毛的布絨較長，所以剪裁後若出現布絨不齊的情況，就用剪刀前端稍微修整。

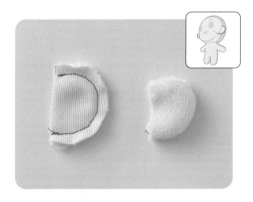

5 縫合耳朵。

布料正面相對縫合至布料邊緣。縫好後翻回正面，調整成圓弧狀。用鑷子或返裡鉗就會很方便作業。

※邊綸布娃娃（小）不需要這道作業。

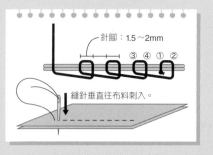

半迴針縫

針腳：1.5～2mm

③ ④ ① ②

縫針垂直往布料刺入。

半迴針縫的間距為1.5～2mm。一針一針垂直刺入，即便布絨較長的軟絨毛都很容易縫製。手縫作業依照這種方式縫製。

6 縫合2處臉頰的打褶。

※邊綸布娃娃（小）不需要這道作業。

7 在縫好的打褶處剪出牙口，燙開縫份。

若有 貓耳 ，之後要添加第57頁的作業。

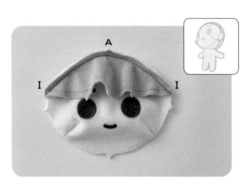

8 將臉部和額頭正面相對縫合。

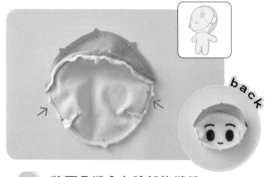

9 將耳朵縫合在臉部的縫份。

一邊對照紙型，一邊確認耳朵位置並且縫合耳朵。縫在完成線外側2～3mm的位置。

若有 狼尾 ，下一步請跳至第52頁的作業。

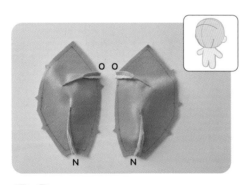

10 縫合後腦勺的打褶。

打褶處縫好後，如步驟7一樣剪出牙口，燙開縫份。

※邊綸布娃娃（小）有2處打褶（O）。
※軟絨毛娃娃（中）有4處打褶（O、N）

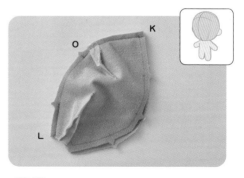

11 將步驟10縫合。

棉花填充口先打開不縫合，並且將縫份燙開。

若為 鋸齒髮 ，下一步請跳至第50頁的作業。

若有後面的 頭髮 ，下一步請跳至第51頁的作業。

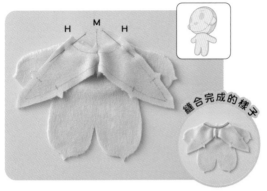

12 將第1片身體和額頭正面相對，並用珠針固定後縫合。

請詳細確認標註在紙型的合印點和對齊記號！縫好後先放置一旁，直到步驟14再接續作業。

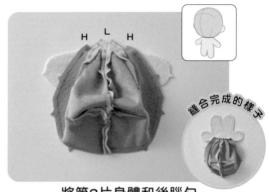

13 將第2片身體和後腦勺（步驟11）正面相對，並用珠針固定後縫合。

縫合後，身體如右側照片般相連。

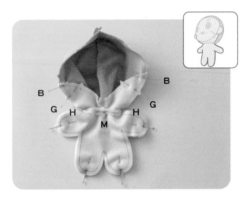

14 將步驟12以及13正面相對，並且用珠針固定。

將步驟12和13正面相對。請詳細確認標註在紙型的合印點和對齊記號！

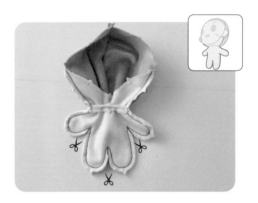

15 縫合一圈後，在股下和腋下剪出牙口。

縫合後，在股下和腋下剪出牙口。剪至距縫線約1mm的位置。

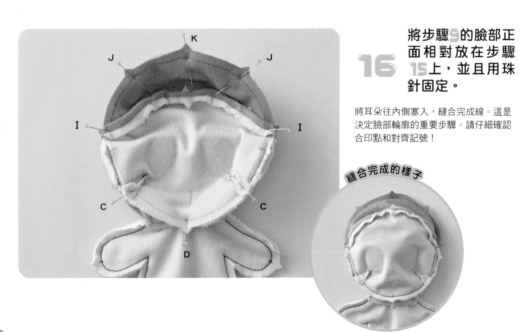

16 將步驟9的臉部正面相對放在步驟15上，並且用珠針固定。

將耳朵往內側塞入，縫合完成線。這是決定臉部輪廓的重要步驟。請仔細確認合印點和對齊記號！

17 縫至步驟16的樣子。

由於許多部件都重疊在耳朵附近，所以是較難縫合的部分。請確認是否有仔細沿著完成線縫合而沒有過於偏離。

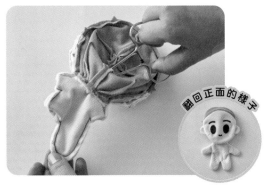

翻回正面的樣子

18 返裡鉗從棉花填充口伸入夾住內側布料，並翻回正面。

連腳尖和指尖等細小部分都要完全翻回正面。用鑷子或返裡鉗就會很方便作業。

19 將填充用的棉花弄得鬆散。

手工藝棉花經過壓縮，大多會成塊狀，因此填充前需要用手鬆開，讓棉花變得蓬鬆。

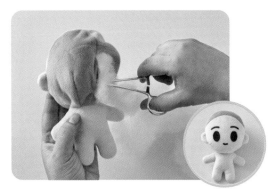

20 填充棉花。

從距離棉花填充口最遠處開始填充，依序為腳→手→身體→頭部。

Column
填充棉花的要領

棉花會影響娃娃外觀的漂亮程度！

在右邊的範例中，娃娃頭部填充得不平均，所以臉部會往左歪斜。請試著參考調整形狀的技巧，將娃娃調整至理想的模樣。

NG

娃娃呈現可愛模樣的要領

● 棉花若填充得稍微多一點，身體和臉部就會顯得圓鼓緊繃！
● 若用手縫，有時接縫處會因為棉花的擠壓鬆開。請以半迴針縫（p.36）縫合成較緊密的接縫。硬是塞入大塊棉花，會使娃娃顯得凹凸不平，所以訣竅是平均分成剛好的大小，慢慢一點一點地填充。

技巧1 用有把手的針或較長的針刺進娃娃裡面的棉花，鬆開棉花過於集中的地方，以調整形狀。

擠壓有分量的地方！

技巧2 用雙手用力擠壓娃娃的臉部，調整出心中的形狀。訣竅就是用力擠壓過於突出的地方。

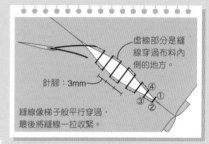

収緊縫線

將線頭藏在裡面！

∩字型藏針縫

虛線部分是縫線穿過布料內側的地方。

針腳：3mm

縫線像梯子般平行穿過，最後將縫線一拉收緊。

21 用∩字型藏針縫縫合棉花填充口。

從後腦勺脖子處用∩字型藏針縫開始縫合，最後將縫線一拉收緊接縫處。將線頭藏進藏針縫的針腳之間。

這個方法是將棉花填充口的兩側摺成山線縫合。為了隱藏第一針的打結，從布料內側將針刺入。

也可以使用布用接著劑！

22 用珠針固定瀏海。

將步驟4剪好的瀏海部件放在娃娃臉部，決定好位置後用珠針固定。

23 用熱熔膠黏貼。

快速用加熱後的熱熔膠塗在瀏海和額頭的交界處。熱熔膠很快就會凝固，使用上請小心留意。

24 將熱熔膠塗抹在瀏海根部等細小部分。

細小部分一樣塗上熱熔膠。髮尾末梢等處不需要特別用熱熔膠固定。

25 完成。

恭喜完成第一個娃娃！

Lesson

軟絨毛娃娃（大）的作法

看！娃娃可以自己站立喔！

準備材料

基本髮型的
軟絨毛娃娃（大）

紙型：請參考第90～93頁（基本髮型請參考第96頁）

- 身體用的軟絨毛：長20×寬60cm
- 頭髮用的軟絨毛：長20×寬40cm（※）
- 頭髮用的邊綸布：長10×寬18cm（※）

通用材料

- 眼睛部件（p.34～p.35）
- 刺繡線（用於眉毛和嘴巴）
- 手工藝棉花　約40g　- 縫線

※這是基本髮型時的布料尺寸。頭髮所需的布料尺寸會因
為髮型而有所不同。請事先在紙型確認。

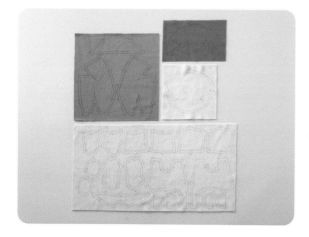

1　在布料描繪紙型。

仔細描繪出完成線和合印點。

瀏海部件
（黏合軟絨毛×邊綸布）

2　剪下所有的部件。

3 依照軟絨毛娃娃（中）的作法縫至步驟9，做出臉部並且加上耳朵。

請參考第32～37頁。

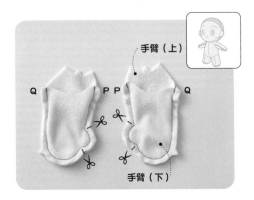

4 分別將手臂部件正面相對縫合，並且剪出牙口。

縫合時請注意不要弄錯部件上下左右的方向。縫好後，如照片般將牙口剪至距離接縫處約1mm的位置。

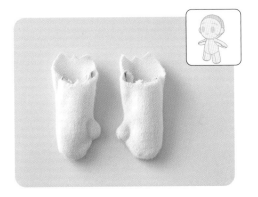

5 翻回正面並且調整形狀。

用鑷子或返裡鉗翻回，就可調整出漂亮的輪廓。拇指也別忘了要翻回正面。

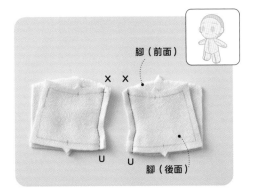

6 分別將腳的部件正面相對縫合。

確認紙型上的對齊記號和合印點，請注意不要弄錯方向。

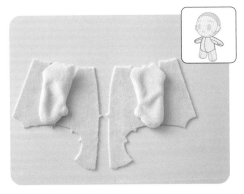

7 將步驟5的手臂放在身體部件上，想像完成的樣子。

縫合前先將部件重疊，確認成品的樣子。拇指要朝內側。

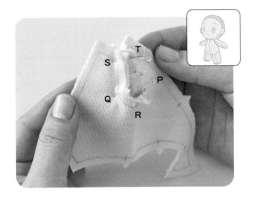

8 用珠針固定身體部件和手臂。

一邊參照紙型一邊確認對齊記號和合印點是否偏離。

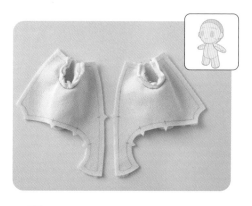

9 身體和手臂縫合的樣子。

為了將小小的弧狀部分縫合出立體形狀，有時用車縫
較為困難。當然可以只在這個部分用手縫。

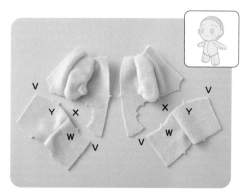

10 將步驟6的腳攤開，放在翻回
正面的步驟9下方，確認完成
的樣子。

想像將2隻腳連接在身體下方的樣子。

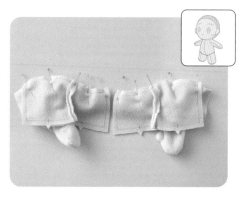

11 身體和腳正面相對，並且用
珠針固定。

12 身體和腳縫合的樣子。

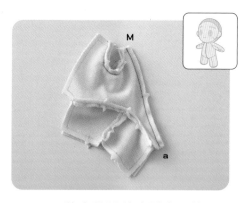

13 將步驟12的身體中心線正面
相對縫合。

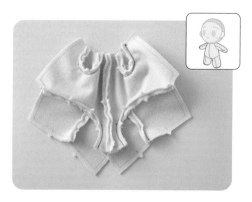

14 將步驟13攤開的樣子（反
面）。

15
將步驟**13**攤開的樣子（正面）。

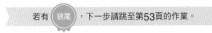
若有 狼尾 ，下一步請跳至第53頁的作業。

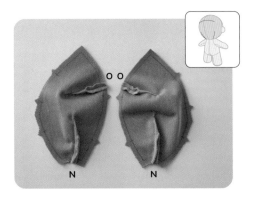

16
縫合後腦勺的4個打褶處。

縫合打褶後剪出牙口，並且燙開縫份（請參考第37頁的步驟**10**）。

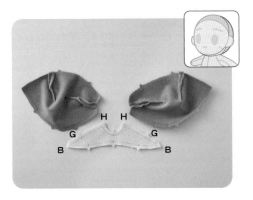

17
將下巴部件和步驟**16**如照片般排列。

縫合前先排列好部件，確認完成的樣子。一邊對照紙型也別忘了確認對齊記號。

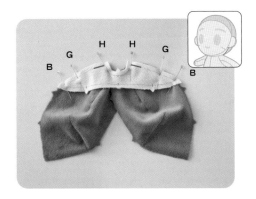

18
用珠針固定。

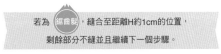
若為 鋸齒瀏海 ，縫合至距離H約1cm的位置，剩餘部分不縫並且繼續下一個步驟。

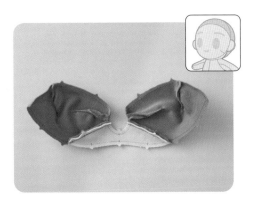

19
縫合完成的樣子。

20
將後腦勺＋下巴（步驟**19**）和身體（步驟**15**）如照片般排列。

縫合前先排列好部件，確認完成的樣子。一邊對照紙型也別忘了確認對齊記號。

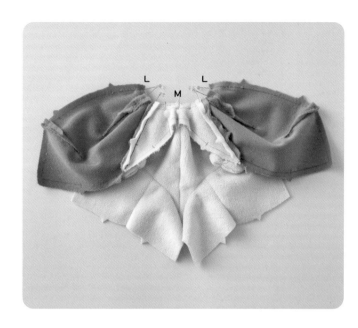

21 用珠針固定。

22 縫合完成的樣子。

到這個階段，左右後腦勺、下巴、身體和腳都已接合完成。

棉花填充口不縫

23 將步驟22正面相對重疊，將後腦勺中心～頸部、背後縫合。棉花填充口先打開不縫合。

若為 鋸齒瀏海 ，下一步請跳至第50頁的作業。

若有 後面的頭髮 ，下一步請跳至第51頁的作業。

24 用珠針固定股下。

一邊對照紙型一邊確認對齊記號和合印點沒有偏離。

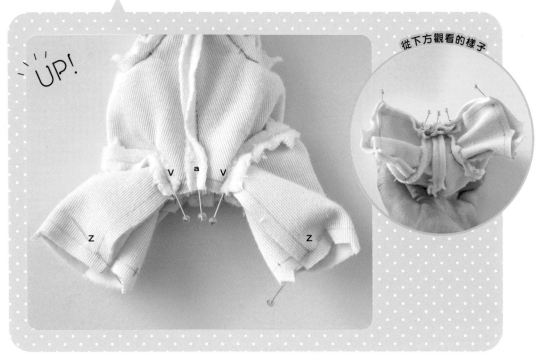

UP!

從下方觀看的樣子

V   a   V

Z   Z

25 股下縫合完成的樣子。

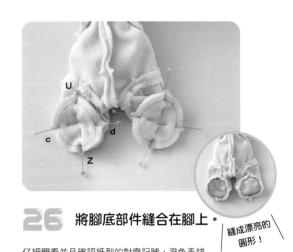

26 將腳底部件縫合在腳上。

仔細觀看並且確認紙型的對齊記號,避免弄錯
腳尖和腳後跟的位置。

U

c   d

Z

縫成漂亮的
圓形!

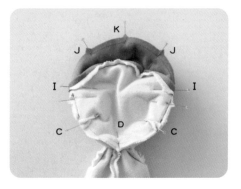

27 重疊臉部部件（步驟3）並縫合。

參考第38頁步驟16的軟絨毛娃娃（中）作法，並且依照臉部的對齊記號縫合一圈。

28 將娃娃翻回正面。

將返裡鉗伸進棉花填充口，並且翻回正面（請參考第39頁的步驟18）。尤其要注意拇指的指尖。

29 將木屑顆粒放在腳底。

將14g左右（一隻腳約7g）的木屑顆粒從棉花填充口放進腳底。娃娃體內的填充結構請參考右圖。

木屑顆粒和棉花的填充方法

①在左右腳平均放入木屑顆粒。

②如蓋上蓋子般先將棉花填滿腳中，避免木屑顆粒掉出。

③依照手臂→④腹部→⑤胸部的順序填充棉花。

⑥填充頭部棉花要更為小心，使頭部呈平順的圓弧狀。

在指尖填充又小又圓的棉花。

木屑顆粒

30 填充棉花並且用ㄇ字型藏針縫縫合後腦勺。

請參考第39～40頁軟絨毛娃娃（中）的作法。

31 用熱熔膠黏合瀏海即完成。

請參考第40頁軟絨毛娃娃（中）的作法。

Lesson

各種髮型的作法

有些可能有一點點
複雜！

仔細閱讀步驟，
一起加油！

鋸齒髮

\ Process /

小 中 第37頁步驟11→	下一步跳至	→回到步驟12
大 第46頁步驟23→	鋸齒髮的製作	→回到步驟24

◆依照第32頁的步驟1和2，用2片軟絨毛黏合的布料製作鋸齒髮。

1 在布料描繪紙型後裁切，並且剪出牙口。

用剪刀剪出牙口，剪至大約縫份寬度一半的位置。

縫在完成線外側2～3mm的位置

2 用珠針將鋸齒髮固定在後腦勺並且縫在縫份。

縫在完成線外側2～3mm的位置。由於先剪出牙口，因此縫份可自然平順地沿著後腦勺展開。

3 將縫好的鋸齒髮翻回正面。

大 之後會在第45頁的步驟18縫合未縫的H～G～B。

Point

▶ 之後的作法和每個娃娃的作法相同（請參考Lesson2、3）。不過因為鋸齒髮部分增厚的關係，布料之間容易位移偏離。請確認對齊記號以及合印點。

▶ 縫合時請小心不要連同鋸齒尖端一起縫合。

精靈耳

\ Process /

小 中 大 取代第36頁的步驟5縫合精靈耳。

1 分別縫合兩邊的精靈耳。

請參考第36頁的步驟5。

2 將耳朵縫在縫份。

參考第37頁的步驟9。一邊對照紙型一邊確認耳朵位置並且縫合。

邊緣布娃娃（小）只要黏合邊緣布並剪下即可。

※黏貼方法請參考第36頁的步驟4。

後面的頭髮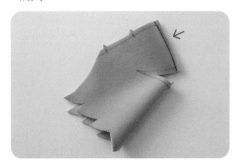

\ Process /

小 中 第37頁步驟 11 → | 下一步跳至 | → 回到步驟 12
後面頭髮的
大 第46頁步驟 23 → | 製作 | → 回到步驟 24

◆依照第32頁的步驟 1 和 2，用軟絨毛和邊綸布黏合的
布料製作後面的頭髮。

※若為邊綸布娃娃（小），可不黏合，而是用一片軟絨毛布製
作即可。

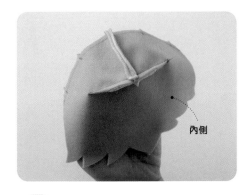

1 在布料描繪紙型後裁切。

2 正面相對縫合後腦勺的中心。

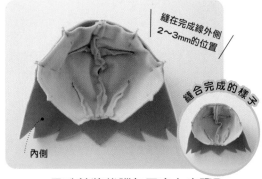

縫在完成線外側
2～3mm的位置

縫合完成的樣子

內側

3 縫合打褶處。

有打褶縫份的該側為後腦勺的內側。

內側

4 用珠針將後腦勺固定在步驟 3
的內側，並且縫在縫份。

眼鏡

◆使用材料：硬毛氈

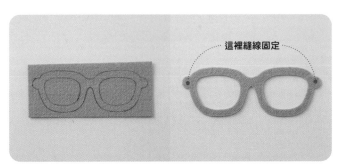

這裡縫線固定

1 只要在硬毛氈描繪紙
型，並且用筆刀裁切
即可！

娃娃縫製完成後，決定眼鏡配戴
在臉部的位置，並且在兩端用縫
線固定。

\ Process /

在第37頁步驟**9**之後製作狼尾 → 鋸齒髮 → 後面的頭髮 → 回到第38頁的步驟**12**

◆依照第32頁的步驟**1**和**2**，用2片軟絨毛黏合的布料製作狼尾部件。狼尾用的後腦勺（上、下）部件不需要黏合。

1 在布料描繪紙型後裁切。

用雙面軟絨毛製作狼尾。小、中娃娃尺寸使用左右兩邊相連的狼尾用後腦勺（下）紙型。

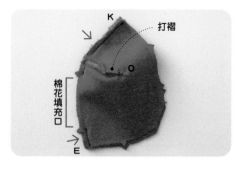

2 將後腦勺（上）的打褶縫合後，將2片縫合。

請參考第37頁的步驟**10**、**11**。

3 用珠針將狼尾固定在步驟**2**，並且縫在縫份。

一邊注意狼尾的方向，一邊縫在完成線外側2～3mm的位置。

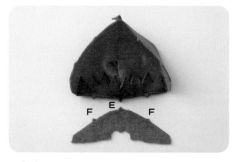

4 將後腦勺（下）部件放在步驟**3**的下方，確認完成的樣子。

5 用珠針固定，在完成線的位置縫線。

6 翻回正面的樣子。

完成狼尾從後腦勺（上、下）長出的樣子。

狼尾（大）

\ Process /

在第45頁步驟**15**之後製作狼尾 → 鋸齒髮 → 後面的頭髮 → 回到第47頁的步驟**24**

◆依照第32頁的步驟**1**和**2**，用2片軟絨毛黏合的布料製作狼尾部件。狼尾用的後腦勺（上、下）部件不需要黏合。

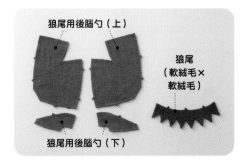

狼尾用後腦勺（上）

狼尾（軟絨毛×軟絨毛）

狼尾用後腦勺（下）

1 在布料描繪紙型後裁切。

用雙面軟絨毛製作狼尾。大娃娃尺寸使用分成左右兩邊的狼尾用後腦勺（下）紙型。

2 將後腦勺（上）和狼尾縫合。

依照第52頁的步驟**2**～**3**製作。

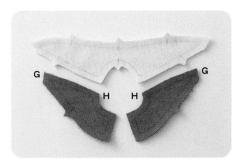

G G
H H

3 將下巴部件和後腦勺（下）部件排列在一起，確認完成的樣子。

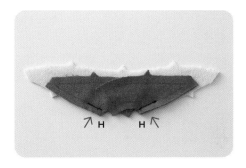

H H

4 將步驟**3**縫合。

縫至完成線一半的位置。請注意不要完全縫合。

M
L L
M

5 將（大）的身體和步驟**4**排列在一起，確認完成的樣子。

軟絨毛娃娃（大）的身體為第45頁步驟**15**製作的部件。

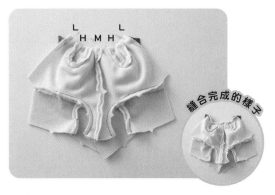

6 用珠針固定步驟**5**並且縫合。

一邊對照紙型一邊確認對齊記號和合印點是否偏離。
請參考第46頁的步驟**21**～**22**。

7 將步驟**6**正面相對，縫合後腦勺（下）～背後。

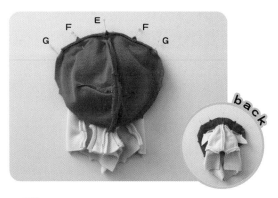

8 用珠針固定步驟**2**和步驟**7**。

9 在完成線的位置縫合。

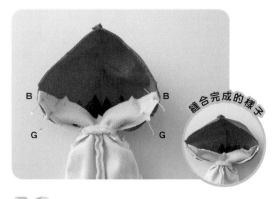

10 縫合下巴輪廓。

縫合步驟**4**中保留未縫的另一半。縫合時請注意不要
縫到狼尾。

11 翻回正面的樣子。

完成狼尾長出的樣子。

\ Process /

小 中 大 不論哪一種尺寸的娃娃,一開始都先用這個方法製作頭髮部件。

◆使用材料:不同顏色的軟絨毛、邊綸布、熨燙貼襯、烘焙紙

1 將軟絨毛(正面)和邊綸布(反面)黏合,做出瀏海。

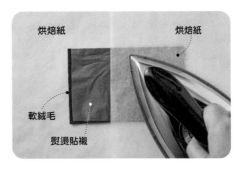

烘焙紙　　　烘焙紙
軟絨毛
熨燙貼襯

2 將熨燙貼襯黏貼在用於髮尾的軟絨毛背面。

從下方依序重疊烘焙紙、軟絨毛、熨燙貼襯、烘焙紙。

完成背面貼有熨燙貼襯的軟絨毛。

3 加熱後待完全冷卻後,將軟絨毛從烘焙紙撕下。並將髮尾髮型描繪在布料後剪裁。

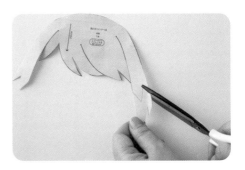

4 用剪刀剪下在製作步驟1時使用的髮尾紙型。

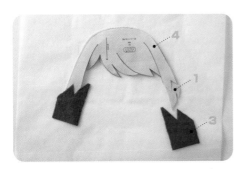

5 從下方依序地重疊步驟1(瀏海)、步驟4(剪下的髮尾紙型)、依照紙型裁切的步驟3。

仔細確認位置,避免瀏海和髮尾偏離。

稍微用體重加壓,以中溫加熱10秒。

6 將烘焙紙放在步驟5上,用熨斗用力按壓。

7 完全黏合後，從背面剪去多餘的部分。

8 完成。

＼ 填充棉花的部件 ／

馬尾

＼ Process ／

小 中 大 不論哪一種尺寸的娃娃，都先依照基本的娃娃縫製方法完成後腦勺後，再接合馬尾。

對齊重疊
合印點

1 在布料描繪紙型後裁切。

馬尾全部使用軟絨毛製作。

2 將馬尾的上下部件重疊，從正面沿著鋸齒狀縫合。

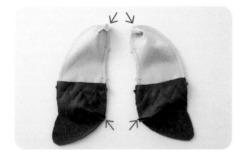

3 縫合打褶處。

縫合所有的打褶處。打褶縫好後，剪出牙口，並且燙開縫份（請參考第37頁的步驟 7）。

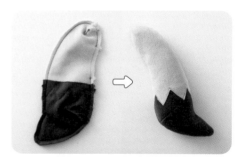

4 將步驟3正面相對縫合後，翻回正面並且填充棉花。

保留棉花填充口，縫合一圈後填充棉花，再用∩字型藏針縫縫合（請參考第40頁的步驟 21）。馬尾縫好後，用∩字型藏針縫縫在後腦勺（請參考第60頁的步驟 7）。

 **貓耳**

\ Process /

（小）（中）（大）不論哪一種尺寸的娃娃，都接續在第37頁的步驟**7**作
業，再返回步驟**8**。

◆使用材料：軟絨毛（不須黏合）、羊毛氈、鋪棉（厚版）

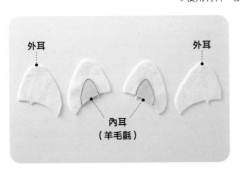

外耳　　　　　　　　外耳

內耳
（羊毛氈）

1 在布料描繪紙型後裁切，將
內耳重疊在外耳正面縫合。

1

外耳部件

鋪棉

2 如照片般3片重疊。

從下方起依序擺放鋪棉、步驟**1**、沒有內耳的外耳部
件。

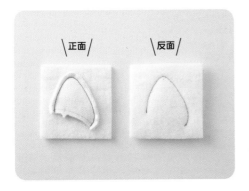

\正面/　　\反面/

3 縫合步驟**2**。

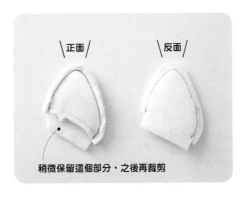

\正面/　　\反面/

稍微保留這個部分，之後再裁剪

4 依照照片裁剪。

5 翻回正面。

用鑷子或返裡鉗作業，就可調整成漂亮的輪廓。

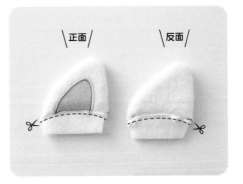

\正面/　　\反面/

6 翻回正面，在距離下側邊緣
的2～3mm縫合，並且剪去
多餘的鋪棉。

7 將額頭部件放在步驟6的下方，確認完成的樣子。

縫在完成線外側2～3mm的位置

8 將步驟7正面相對，並且縫在縫份。

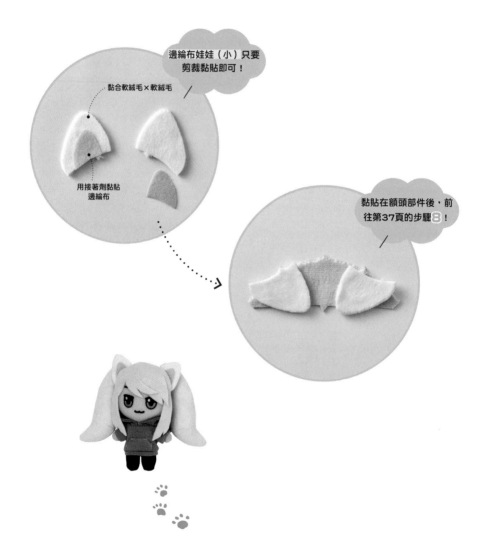

邊綸布娃娃（小）只要剪裁黏貼即可！

黏合軟絨毛×軟絨毛

用接著劑黏貼邊綸布

黏貼在額頭部件後，前往第37頁的步驟8！

丸子頭（中）（大）

小 中 大 不論哪一種尺寸的娃娃，都先依照基本的娃娃
縫製方法完成後腦勺後，再接合丸子頭。

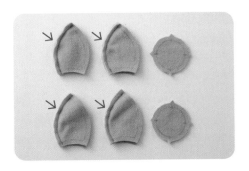

1 在布料描繪紙型後裁切，並且
分別將8片側面部件正面相對
縫合。

只需要縫合側面部件的一邊。請注意不要兩側都縫。

2 將步驟1的部件，各2片正面
相對縫合。

縫合完成的樣子

3 用珠針固定底部部件並且縫
合。

縫合要領和軟絨毛娃娃（大）的腳底（請參考第47頁的
步驟26）作法相同。棉花填充口先打開不縫。

4 翻回正面後填充棉花。

5 用∏字型藏針縫縫合棉花填
充口。

∏字型藏針縫請參考第40頁的步驟21。

6 用珠針將步驟5固定在完成至
後腦勺的娃娃。

將珠針刺在丸子頭周圍的4處，以支撐丸子頭。

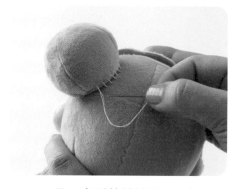

7 用ㄇ字型藏針縫縫合一圈後即完成。

\ 填充棉花的部件 /

丸子頭（小）

1 在布料描繪紙型後裁切，並且以約間隔3mm的平針縫在外側邊緣縫線。

2 裡面填滿棉花後收緊縫線並且打結封口。

3 用ㄇ字型藏針縫將丸子頭縫合在後腦勺。

ㄇ字型藏針縫請參考第40頁的步驟**21**。

光頭

\ Process /

（小）（中）（大）不論哪一種尺寸的娃娃，一開始都先製作這個部分，接著返回第37頁的步驟**9**。

1 在布料描繪紙型後裁切。

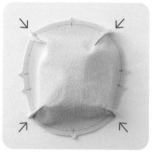

2 縫合臉部和額頭4個打褶處。

縫好打褶處後剪出牙口，並且將縫份燙開（請參考第37頁的步驟**7**）。

※邊綸布娃娃（小）只有2個打褶處。

3 加上耳朵後翻回正面的樣子。

平頭

\ Process /

小 中 大 不論哪一種尺寸的娃娃,一開始都先製作這個部分,接著返回第37頁的步驟9。

◆不需要黏合平頭娃娃的頭髮部件。

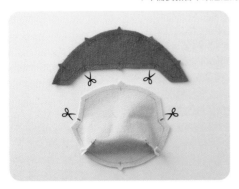

1 在布料描繪紙型後裁切,並且縫合臉部2個打褶處。

縫好打褶處後剪出牙口,並且將縫份燙開(請參考第37頁的步驟7)。臉部和額頭共計4處用剪刀剪出牙口。

2 臉部和額頭正面相對縫合至邊角處。

請注意不要全部縫合,不要忘記一邊對照紙型一邊確認對齊記號。

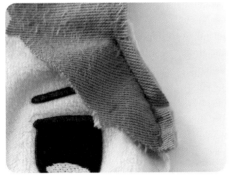

3 燙開臉部邊角的牙口,並且縫出接續的直線。

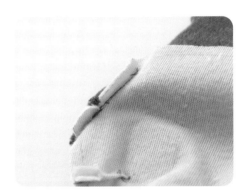

4 從背面看步驟3的樣子。

5 重複步驟3和4,縫出兩邊的直線,將臉部和額頭縫合。

額頭若有明顯的角度就會很帥!

6 翻回正面的樣子。

Column
派對帽

只要以彩色列印印出，並且剪
下黏貼，就完成娃娃戴的可愛
派對帽！

Lesson 5

服飾的作法

換裝的樂趣多！

Big T-Shirt

軟絨毛娃娃（大）

T恤

準備材料

紙型：請參考第113頁

⊗ 邊編布：20×30cm
　※將布料的反面（滑順的面）當正面使用。
　※也可以使用細平布或被單布等自己喜歡的布料。

⊗ 縫線

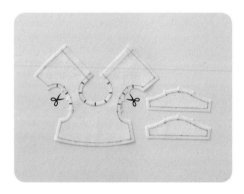

1 在布料描繪紙型後，裁切下所有的部件。

完成線和合印點都要正確描繪。先在上身剪出牙口。

2 將領圍沿著完成線往反面摺起，並在距離邊緣2mm處縫線。

若不好縫合，在縫合前先用熨斗燙過，就會比較好縫。

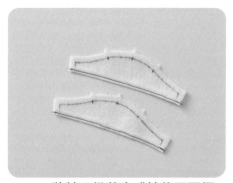

3 將袖口沿著完成線往反面摺起，並在距離邊緣2mm處縫線。

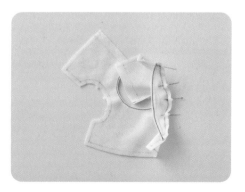

4 將上身和袖子正面相對，並且用珠針固定。

將上身剪出的牙口打開，使上身和袖子對齊。

5 上身和袖子縫合的樣子。

6 將步驟5正面相對，用珠針固定側邊和袖口。

仔細燙開縫份並且用珠針固定。

7 兩側縫合的樣子。

8 將步驟7打開，將袖子沿著完成線往反面摺起，在距離邊緣2mm處縫線。

這邊也要先燙開縫份後才縫線。

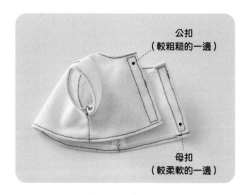

公扣
（較粗糙的一邊）

母扣
（較柔軟的一邊）

9 後上身的兩邊往反面摺起，加上魔鬼氈即完成。

魔鬼氈的大小約0.8cm×5cm。請注意不要弄錯公母扣的黏接面。

Big Pants

軟絨毛娃娃（大）

褲子

準備材料

紙型：請參考第115頁

🔍 邊綸布：12×32cm
　　※將布料的反面（滑順的面）當正面使用。
　　※也可以使用牛仔布、斜紋布和細平布等自己喜歡的布料。

🔍 鬆緊帶　　🔍 縫線

1 在布料描繪紙型後，裁切下所有的部件。

完成線也要正確描繪。

2 將褲襬沿著完成線往反面摺起，並在距離邊緣2mm處縫線。

3 將步驟2正面相對，縫合前後股圍。

縫好後先將縫份燙開。

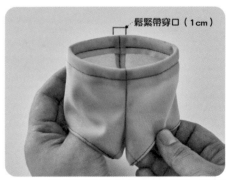

鬆緊帶穿口（1cm）

4 將步驟3從上方算起的第2條線往內摺，在距離邊緣1cm處縫線。

不要全部縫合，鬆緊帶穿口處保留約1cm的距離。

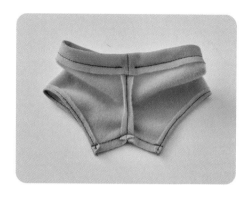

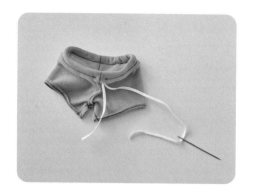

5 縫合股下。

將縫份燙開後縫合。

6 穿過鬆緊帶並且打結後剪斷。

用編織用的毛線針有助於穿鬆緊帶的作業。

Point

鬆緊帶若太緊會在娃娃腹部產生勒痕，請配合娃娃的身體調整至剛好的鬆緊度。

Column
裙子的作法

請自由設計
裙子長度。

準備材料

紙型：請參考第116頁

🔍 **布料**：邊綸布、細平布、被單布

🔍 **鬆緊帶**　🔍 **縫線**

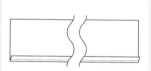

1 將裙襬沿著完成線往反面摺起，在距離邊緣1.5～2mm處縫線。

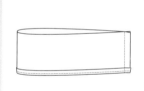

2 兩側正面相對縫合，並且燙開縫份。

3 翻回正面，將腰圍沿著完成線（從上方算起的第2條線）往內摺，在距離邊緣約7mm處縫出鬆緊帶穿口（請參考第66頁的步驟4），並且保留1cm不縫。

4 依照第67頁的步驟**6**穿過鬆緊帶即完成！

軟絨毛娃娃（大）

西裝外套

準備材料

紙型：請參考第117頁

🔍 邊綸布：20×60cm

※將布料的反面（滑順的面）當正面使用。
※也可以使用細平布或被單布等自己喜歡的布料。

🔍 鈕扣　　🔍 縫線

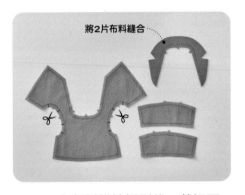

將2片布料縫合

1 在布料描繪紙型後，裁切下所有的部件。

完成線和合印點都要正確描繪。先在上身袖圍的弧狀部分剪出牙口，並且剪至縫份寬度的一半左右。

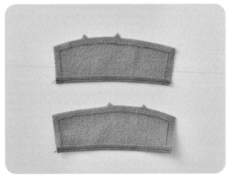

2 將袖口沿著完成線往反面摺起，並在距離邊緣2mm處縫線。

3 將衣領重疊在上身正面，並且用珠針固定。

4 將步驟3縫合，在領圍的弧狀部分剪出牙口。

068

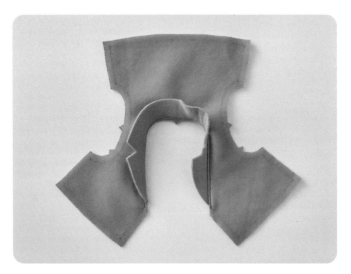

5 將衣領立起，在上身該側縫上縫線。

在步驟**5**縫好衣領下方可見的縫線。

6 將燙衣布放在衣領，再用熨斗燙壓。

將翻起的衣領沿著上身燙壓。

7 步驟**6**燙壓完成的樣子。

8 將袖子（步驟**2**）正面相對在上身後縫合。

將上身剪出的牙口打開，使上身和袖子對齊。因為左右袖子的形狀不同，所以請對照紙型確認。

9 將步驟**8**正面相對，用珠針將側邊和袖口固定後縫合。

珠針固定的方法請參考第65頁的步驟**6**。將縫份燙開並且縫線。

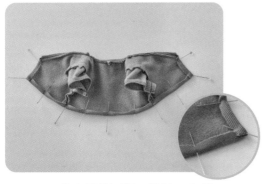

10 將步驟9打開，將袖子和前面邊緣的縫份摺起後縫線。

前上身和袖子如照片般固定。側邊的縫份也要完全打開固定。若不好縫，可以先用熨斗壓燙後再縫製。

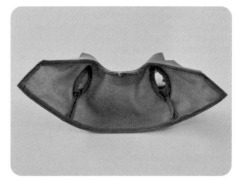

11 步驟10縫合完成的樣子。

12 縫上喜歡的鈕扣即完成。

Column

有領圍兜的作法

準備材料

紙型：請參考第117、118頁

- 布料：邊綸布、細平布、被單布等（不論哪種布料都須2片黏合）也可以使用細平布或被單布等自己喜歡的布料。
- 縫線
- 緞帶
- 裝飾鈕扣

① 左右兩邊縫上剪成長度約15cm的緞帶（寬3～5mm）。

② 衣領往前摺，邊緣縫上縫線。

③ 依喜好加上裝飾鈕扣。

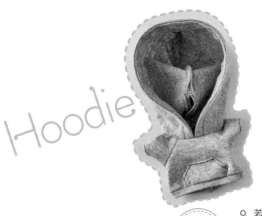

Hoodie

軟絨毛娃娃（大）
軟絨毛娃娃（中）
邊綸布娃娃（小）

連帽衣

紙型：請參考第119～122頁

準備材料

※所有尺寸的作法皆相同。

🔍 若是軟絨毛娃娃（大）　布料（平滑針織等）：20×70cm
🔍 若是軟絨毛娃娃（中）　布料（平滑針織等）：20×65cm
🔍 若是邊綸布娃娃（小）　布料（平滑針織等）：15×42cm
🔍 縫線

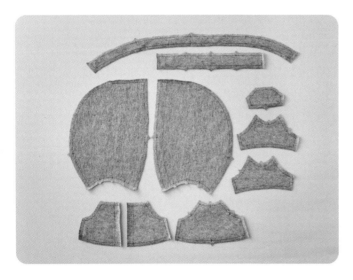

1 在布料描繪紙型之後，裁切下所有的部件。

完成線和合印點都要正確描繪。

2 將袖口和袋口沿著完成線往反面摺起，在距離邊緣2mm處縫線。

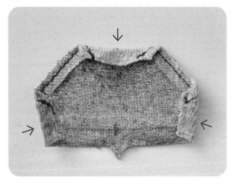

3 口袋3處往反面摺起，並且用熨斗壓燙。

4 將步驟3縫在前上身。

5 將前上身、袖子、後上身依
照照片排列，確認完成的樣
子。

一邊對照紙型一邊確認對齊記號的位置並且排列。

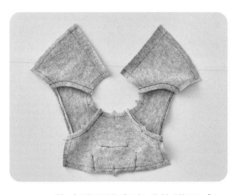

6 將步驟5縫合完成的樣子（4
處）。

1 cm　　　　　1 cm

7 在距離邊緣1cm的位置將後
上身往反面摺起，並且用熨
斗壓燙出摺痕。

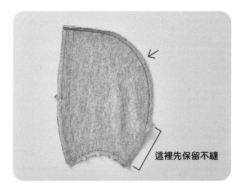

這裡先保留不縫

8 將帽子正面相對縫合上面的
部分。

9 將下面部分的縫份燙開，並
且在距離邊緣2mm的位置縫
線。

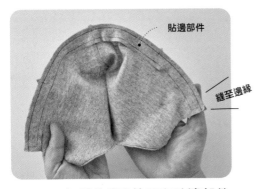

貼邊部件

縫至邊緣

10 打開步驟9並且和貼邊部件正面相對，沿著外側的完成線縫合至邊緣。

11 將貼邊往內摺，並且用熨斗整燙後，在距離邊緣1cm的位置縫線。

12 將步驟7和步驟11擺放在一起，確認領圍完成的樣子。

13 將步驟12縫合完成的樣子。

帽子前端要對齊縫合。

14 將側邊和袖口縫合。

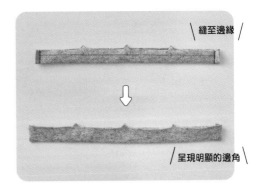

縫至邊緣

呈現明顯的邊角

15 將衣襬羅紋正面對摺，並且將兩邊縫合後翻回正面，再用熨斗壓燙。

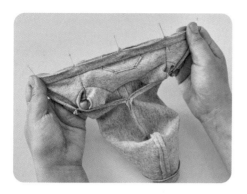

16 將步驟15正面重疊在袖子，並且用珠針固定。

17 步驟16縫合完成的樣子。

縫至邊緣

羅紋比衣襬的寬度短，所以要將布料拉開縫合。

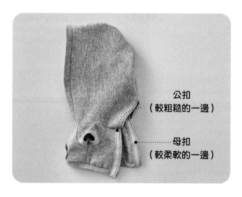

公扣
（較粗糙的一邊）

母扣
（較柔軟的一邊）

18 加上魔鬼氈後即完成。

大娃娃使用的魔鬼氈大小約0.8×6cm，中娃娃約0.8cm×5cm，小娃娃約0.8×3cm。請注意不要弄錯公母扣的黏接面。

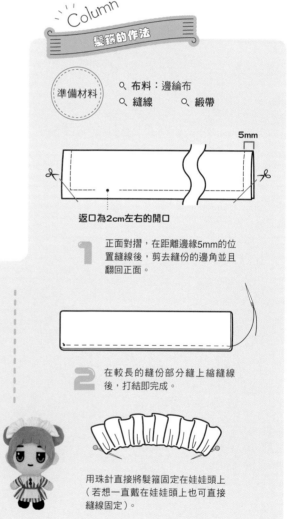

Column

髮箍的作法

準備材料
- 布料：邊綸布
- 縫線
- 緞帶

5mm

返口為2cm左右的開口

1 正面對摺，在距離邊緣5mm的位置縫線後，剪去縫份的邊角並且翻回正面。

2 在較長的縫份部分縫上縮縫線後，打結即完成。

用珠針直接將髮箍固定在娃娃頭上（若想一直戴在娃娃頭上也可直接縫線固定）。

圍裙的作法

準備材料
紙型：請參考第114頁
- 布料：邊綸布（2片黏合）
- 縫線
- 緞帶

緞帶（寬為3～5mm）剪成約30cm的長度，將圍裙縫在緞帶中段。

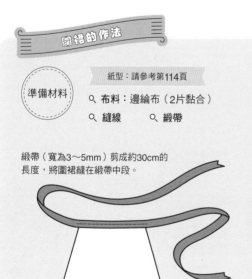

Big Kigurumi

軟絨毛娃娃（大）

布偶裝

準備材料

紙型：請參考第123～125頁

🔵 軟絨毛：20×110cm
🔵 邊綸布：18×25cm
🔵 塑膠按扣　　🔵 縫線

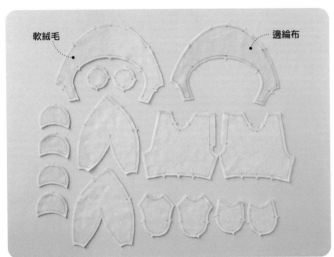

軟絨毛　　　　　　　　邊綸布

1 在布料描繪紙型之後，裁切下所有的部件。

完成線和合印點都要正確描繪。
帽子（前面）部件一片使用軟絨毛（表布），另一片使用邊綸布（裡布）。

2 將每個耳朵部件正面相對縫合。

お　　　　　　お

3 縫合帽子（後面）部件的打褶。

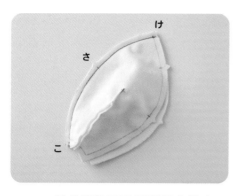

4 將步驟3正面相對縫合後中心。

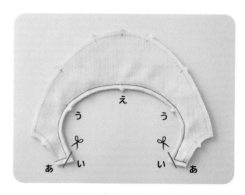

5 將帽子（前面）部件的表布和裡布正面相對，縫合前面邊緣和臉部周圍。

縫好後剪去縫份邊角，再翻回正面。

6 將步驟2的耳朵（翻回正面後）放在步驟5的上面，確認完成的樣子。

一邊對照紙型一邊確認耳朵的位置。

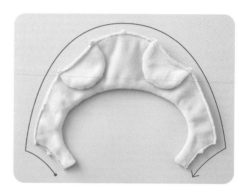

7 將耳朵縫合在帽子（前面）部件的縫份部分。

縫合在完成線外側2～3mm的位置。除了耳朵部分，箭頭畫線部分都要縫合。

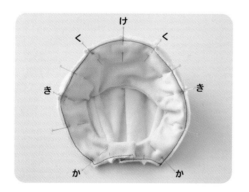

8 將步驟4和步驟7正面相對，並且用珠針固定。

呈現耳朵收至內側的狀態。

9 將步驟8沿著完成線縫合。

縫在步驟7線條內的線條。

10 將步驟9翻回正面的樣子。附耳朵的帽子即完成。

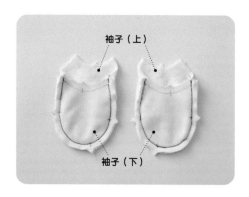

袖子（上）

袖子（下）

11 將袖子部件正面相對縫合。

仔細確認紙型的對齊記號和合印點，避免弄錯部件上下左右的位置。

12 將步驟11放在身體，確認完成的樣子。

仔細確認紙型的對齊記號和合印點，避免弄錯左右袖子。

おし　　　しお
オ　ア　　ア　オ
カ　　　　　カ

13 步驟12縫合完成的樣子。

一邊對照紙型一邊確認對齊記號和合印點並且縫合。因為要將細小弧狀部分縫出立體形狀，使用車縫或許較為困難。當然也可以只在這裡用手縫。

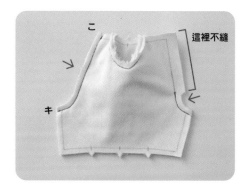

こ

這裡不縫

キ

14 將步驟13正面相對，縫合股上（縫至縫合止點）和背後。

對照紙型確認股上縫合止點的位置。

15 前面邊緣往內反摺1cm並且用珠針固定。

股上的縫份也要先燙開。

16 將步驟10放在步驟15的上面，確認完成的樣子。

17 一邊對照紙型確認對齊記號以及合印點，一邊將身體和帽子正面相對並且用珠針固定。

身體和帽子的所有縫份都要先燙開。

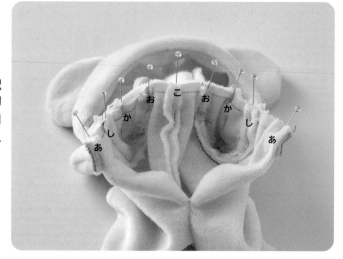

18 步驟17縫合完成的樣子。

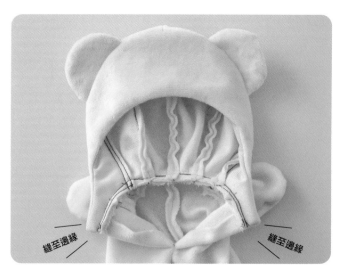

縫至邊緣　　　縫至邊緣

19 縫合股下。

前後縫份都要燙開。

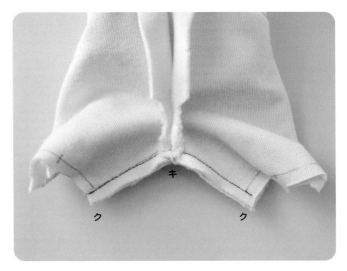

20 縫合腳底部件。

請參考第47頁的步驟26。

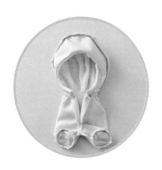

21 翻回正面並且用錐針鑽出添加塑膠按扣的開孔。

也可以用縫的按扣。

22 添加上塑膠按扣的樣子。

Big Shoes

軟絨毛娃娃（大）

鞋子

準備材料

紙型：請參考第125頁

○ 合成皮：10×25cm
○ 縫線

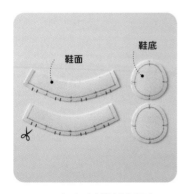

鞋面　鞋底

1 在布料描繪紙型後，裁切下所有的部件。

在鞋面縫份剪出牙口。

2 縫合鞋面的後中心。

3 燙開後中心的縫份，並且如照片般縫合。

※縫在距離後中心約1～1.5mm的位置。

4 將鞋面和鞋底正面相對後縫合一圈。

Point

用車縫縫合合成皮時，使用「鐵氟龍壓布腳」就可順利車縫。

5 保留約2mm的縫份，剪去外側邊緣。並翻回正面後即完成。

Small&Medium
T-Shirt

軟絨毛娃娃（中）
邊綸布娃娃（小）

Ｔ恤

準備材料

紙型：請參考第114頁

🔍 若是軟絨毛娃娃（中）　邊綸布：15×15cm
🔍 若是邊綸布娃娃（小）　邊綸布：10×10cm

※將布料的反面（滑順的面）當正面使用。
※也可以使用細平布或被單布等自己喜歡的布料。

🔍 縫線

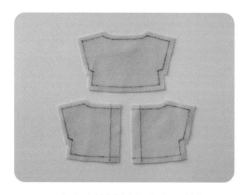

1 在布料描繪紙型後，裁切下
所有的部件。

完成線和合印點都要正確描繪。

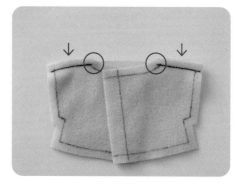

2 將前上身以及後上身正面相
對，縫合肩膀。

畫圈的地方，不要縫到邊緣。

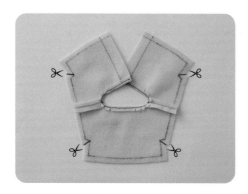

3 在領圍剪出牙口，在距離邊
緣2mm的位置縫線。

將肩膀的縫份燙開，縫合領圍。在腋下剪出牙口。

4 將袖子沿完成線往反面摺起，
在距離邊緣2mm的位置縫線。

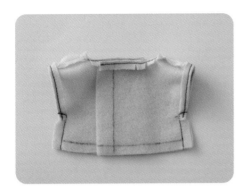

5 正面相對縫合袖口和側邊。

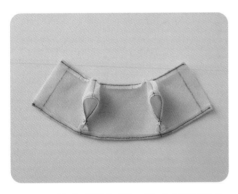

6 將步驟5打開，將衣襬沿著完成線往反面摺起後縫線。

這邊也要將側邊的縫份燙開。

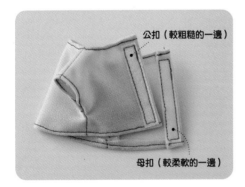

公扣（較粗糙的一邊）

母扣（較柔軟的一邊）

7 後上身的兩邊往反面摺起，加上魔鬼氈即完成。

魔鬼氈的大小約0.8×4.5cm。請注意不要弄錯公母扣的黏接面。

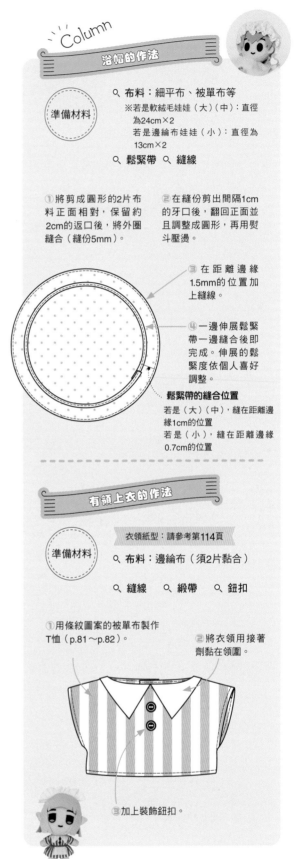

Column

浴帽的作法

準備材料

🔍 布料：細平布、被單布等
　　※若是軟絨毛娃娃（大）（中）：直徑為24cm×2
　　　若是邊綸布娃娃（小）：直徑為13cm×2

🔍 鬆緊帶　🔍 縫線

① 將剪成圓形的2片布料正面相對，保留約2cm的返口後，將外圈縫合（縫份5mm）。

② 在縫份剪出間隔1cm的牙口後，翻回正面並且調整成圓形，再用熨斗壓燙。

③ 在距離邊緣1.5mm的位置加上縫線。

④ 一邊伸展鬆緊帶一邊縫合後即完成。伸展的鬆緊度依個人喜好調整。

鬆緊帶的縫合位置
若是（大）（中），縫在距離邊緣1cm的位置
若是（小），縫在距離邊緣0.7cm的位置

有領上衣的作法

準備材料

衣領紙型：請參考第114頁

🔍 布料：邊綸布（須2片黏合）

🔍 縫線　🔍 緞帶　🔍 鈕扣

① 用條紋圖案的被單布製作T恤（p.81～p.82）。

② 將衣領用接著劑黏在領圍。

③ 加上裝飾鈕扣。

Small&Medium
Pants

軟絨毛娃娃（中）
邊綸布娃娃（小）

褲子

準備材料

紙型：請參考第115頁

🔍 若是軟絨毛娃娃（中）　邊綸布：8×20cm
🔍 若是邊綸布娃娃（小）　邊綸布：5×13cm
　※將布料的反面（滑順的面）當正面使用。
　※也可以使用牛仔布、斜紋布和細平布等自己喜歡的布料。

🔍 縫線

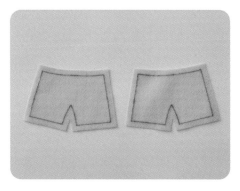

1 在布料描繪紙型後，裁切下
所有的部件。

完成線也要正確描繪。

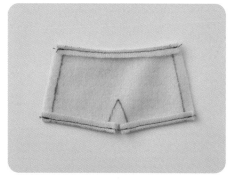

2 將褲襬和腰圍沿著完成線往
反面摺起，在距離邊緣2mm
處縫線。

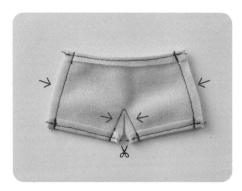

3 將步驟**2**正面相對，縫合股圍
和股下，並在股下剪出牙口。
翻回正面後即完成。

大家也可用
邊綸布以外的布料
做做看！

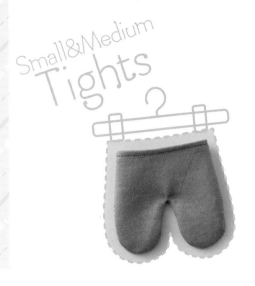

Small&Medium
Tights

軟絨毛娃娃（中）
邊綸布娃娃（小）

褲襪

準備材料

紙型：請參考第114頁

⚬ 若是軟絨毛娃娃（中）
　布料（天竺棉等薄針織）：10×18cm

⚬ 若是邊綸布娃娃（小）
　布料（天竺棉等薄針織）：6×13cm

⚬ 縫線

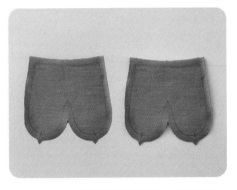

1 在布料描繪紙型後，裁切下所有的部件。

完成線和合印點都要正確描繪。

2 將腰圍沿著完成線往反面摺起，中娃娃在距離邊緣2mm處，小娃娃在距離邊緣1.5mm處縫線。

3 將2片正面相對，從側邊縫合一圈至股下後，在股下剪出牙口並翻回正面即完成。

Column
鞋子（小、中）的作法

準備材料

紙型：請參考第114頁

⚬ 合成皮　⚬ 縫線

1 正面相對沿著完成線縫合至邊緣。

2 保留約1.5mm的縫份後，剪去多餘的部分，翻回正面調整形狀即完成。

Small&Medium
Jacket

軟絨毛娃娃（中）
邊綸布娃娃（小）

西裝外套

紙型：請參考第118頁

準備材料

- 若是軟絨毛娃娃（中）　邊綸布：15×24cm
- 若是邊綸布娃娃（小）　邊綸布：10×15cm

※將布料的反面（滑順的面）當正面使用。
※也可以使用細平布或被單布等自己喜歡的布料。

- 鈕扣
- 縫線

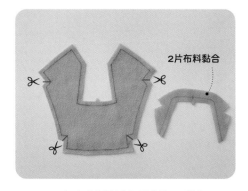

2片布料黏合

1 在布料描繪紙型後，裁切下所有的部件。

完成線和合印點都要正確描繪。先在腋下縫份剪出牙口。

2 將腋下和袖子沿著完成線往反面摺起，並且在距離邊緣2mm處縫線。

3 將衣領重疊在上身正面，並且在完成線縫線。

縫合後，在領圍邊角縫份剪出牙口。

4 依照西裝外套（大）的方式製作，並且添加喜歡的鈕扣即完成。

依照第69頁的步驟 **5～7** 縫至衣領，並且依照第82頁的步驟 **5～6** 縫合側邊和衣襬。

Small & Medium Kigurumi

軟絨毛娃娃（中）
邊綸布娃娃（小）

布偶裝

準備材料

紙型：請參考第126～127頁

○ 若是軟絨毛娃娃（中）
軟絨毛：20×85cm
邊綸布：18×25cm

○ 若是邊綸布娃娃（小）
軟絨毛：20×40cm
邊綸布：11×16cm

○ 按扣、風紀扣等

○ 縫線

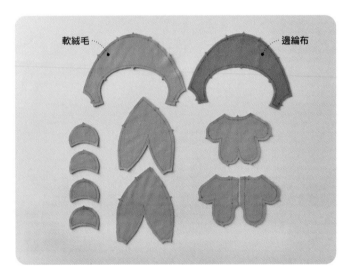

軟絨毛　　　　　　　　　　　邊綸布

1 在布料描繪紙型之後，裁切下所有的部件。

完成線和合印點都要正確描繪。帽子（前面）部件一片使用軟絨毛（表布），另一片使用邊綸布（裡布）。

※帽子依照軟絨毛娃娃（大）的布偶裝製作步驟 **2**～**10** 縫製（p.75～p.77）。

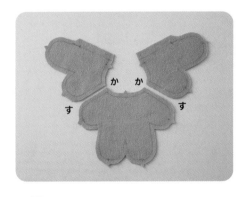

2 將前上身和後上身依照照片排列，確認完成的樣子。

3 將前上身和後上身正面相對縫合肩膀。

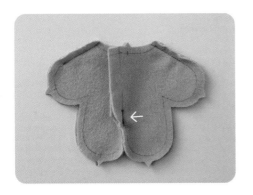

4 縫合股上至縫合止點。

對照紙型並且仔細確認股上縫合止點的位置。

5 前面邊緣沿著完成線往反面摺起,並且用珠針固定。

股上的縫份也要燙開。

6 將步驟**5**和帽子對齊,確認完成的樣子。

7 一邊對照紙型確認對齊記號以及合印點,一邊將身體和帽子正面相對,並且用珠針固定。

身體和帽子的所有縫份都要先燙開。

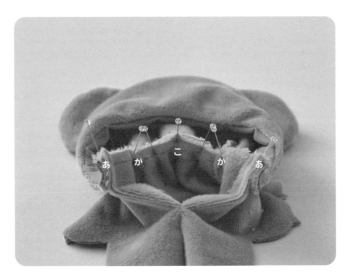

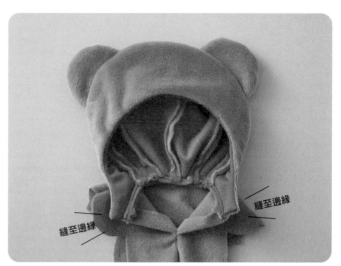

8 步驟7縫合完成的樣子。

縫至邊緣

縫至邊緣

9 翻回反面,將身體縫合一圈,並且在腋下和股下剪出牙口。

10 翻回正面並且添加鈕扣即完成。

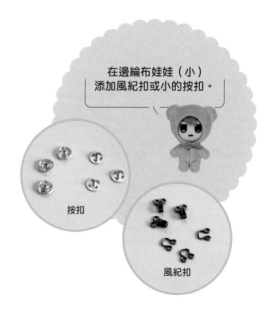

在邊綸布娃娃(小)添加風紀扣或小的按扣。

按扣

風紀扣

pattern

型紙

從第90頁開始為娃娃的紙型，第113頁開始為衣服紙型。
若沒有特別標示請以100%（原尺寸大小）複製紙型。

紙型的閱讀方法

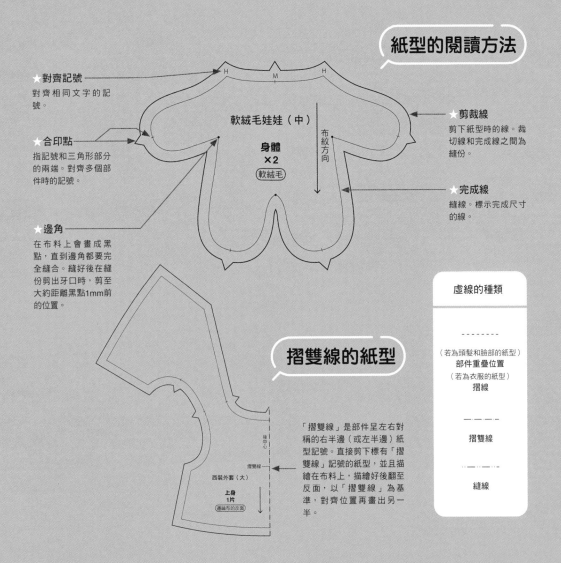

★ 對齊記號
對齊相同文字的記號。

★ 合印點
指記號和三角形部分的兩端。對齊多個部件時的記號。

★ 邊角
在布料上會畫成黑點，直到邊角都要完全縫合。縫好後在縫份剪出牙口時，剪至大約距離黑點1mm前的位置。

軟絨毛娃娃（中）

身體
×2
軟絨毛

H M H

布紋方向

★ 剪裁線
剪下紙型時的線。裁切線和完成線之間為縫份。

★ 完成線
縫線。標示完成尺寸的線。

摺雙線的紙型

縫中心

摺雙線

西裝外套（大）
上身
1片
邊端布的反面

「摺雙線」是部件呈左右對稱的右半邊（或左半邊）紙型記號。直接剪下標有「摺雙線」記號的紙型，並且描繪在布料上，描繪好後翻至反面，以「摺雙線」為基準，對齊位置再畫出另一半。

虛線的種類

- - - - - - - -
（若為頭髮和臉部的紙型）
部件重疊位置
（若為衣服的紙型）
摺線

— — — — —
摺雙線

－ － － － －
縫線

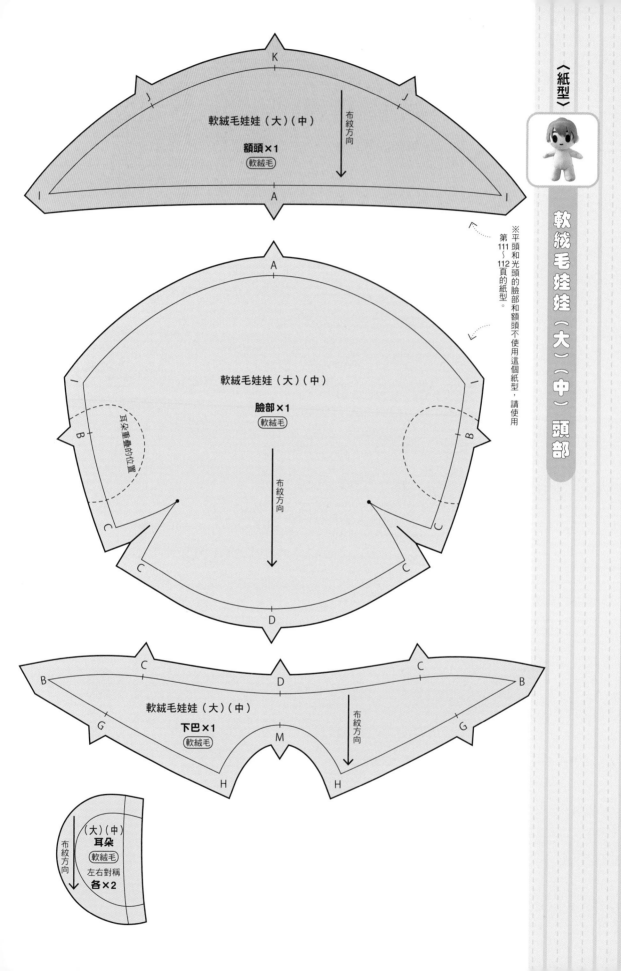

※平頭和光頭的臉部和額頭不使用這個紙型，請使用第111～112頁的紙型。

K

J   J

軟絨毛娃娃（大）（中）

額頭×1
軟絨毛

布紋方向

I   I

A

A

軟絨毛娃娃（大）（中）

臉部×1
軟絨毛

耳朵重疊的位置

B   B

布紋方向

C   C   C   C

D

C   C

B   D   B

軟絨毛娃娃（大）（中）

下巴×1
軟絨毛

G   G

布紋方向

M

H   H

（大）（中）

耳朵
軟絨毛
左右對稱
各×2

布紋方向

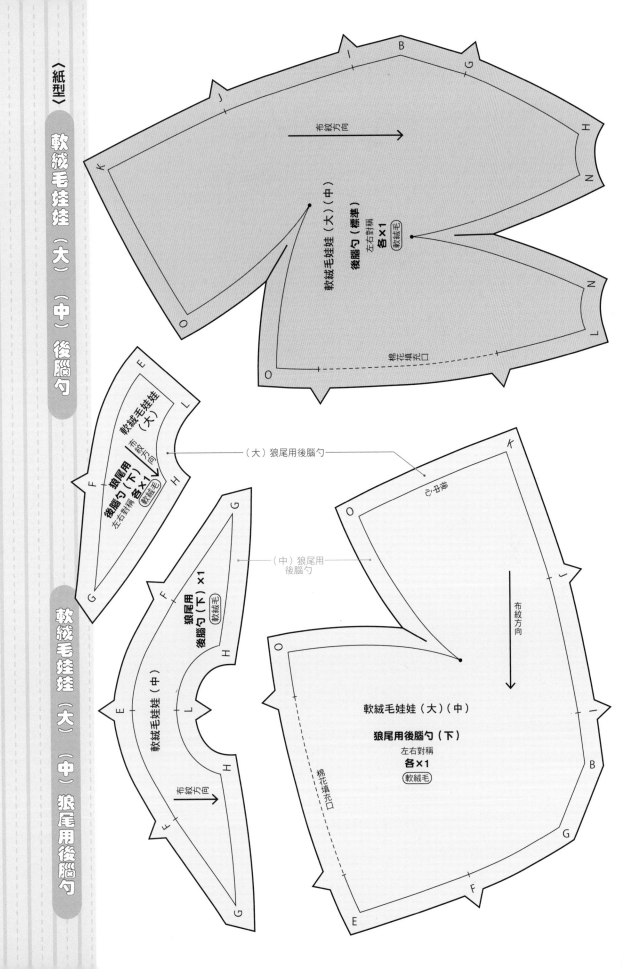

布紋方向

軟絨毛娃娃（大）（中）

後腦勺（標準）
左右對稱
各×1
軟絨毛

棉花填充口

軟絨毛娃娃（大）
狼尾用後腦勺（下）
左右對稱
各×1
軟絨毛

（大）狼尾用後腦勺

（中）狼尾用後腦勺

布紋方向

後中心

軟絨毛娃娃（中）
狼尾用後腦勺（下）×1
軟絨毛

布紋方向

軟絨毛娃娃（大）（中）

狼尾用後腦勺（下）
左右對稱
各×1
軟絨毛

口＆棉花填充口

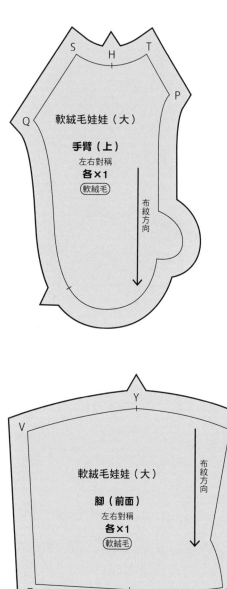

S H T
P
Q
軟絨毛娃娃（大）

手臂（上）
左右對稱
各×1
軟絨毛

布紋方向

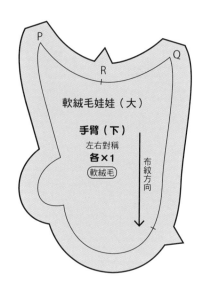

P Q
R
軟絨毛娃娃（大）

手臂（下）
左右對稱
各×1
軟絨毛

布紋方向

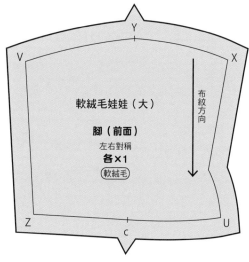

Y
V X
軟絨毛娃娃（大）

腳（前面）
左右對稱
各×1
軟絨毛

布紋方向

Z U
c

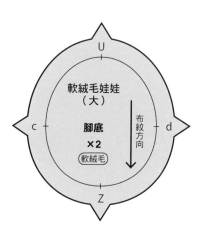

U
軟絨毛娃娃
（大）

腳底
×2
軟絨毛

c d

布紋方向

Z

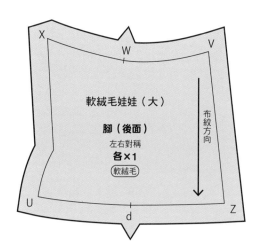

X V
W
軟絨毛娃娃（大）

腳（後面）
左右對稱
各×1
軟絨毛

布紋方向

U Z
d

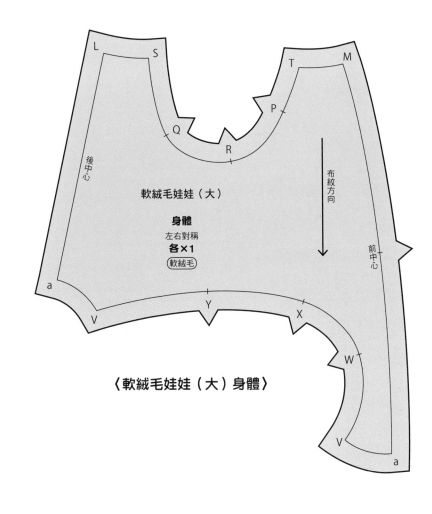

軟絨毛娃娃（大）

身體
左右對稱
各×1
軟絨毛

後中心

布紋方向

前中心

L　S　　　　　T　M

Q　　　P

R

a

V　Y　X

W

V

a

〈軟絨毛娃娃（大）身體〉

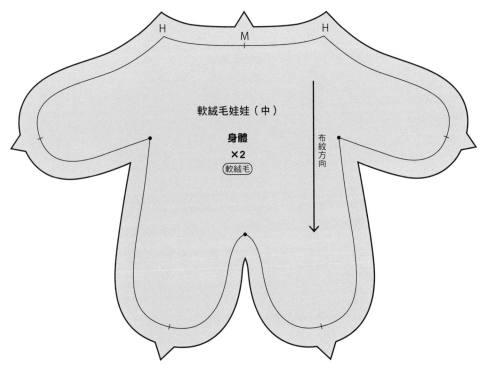

H　M　H

軟絨毛娃娃（中）

身體
×2
軟絨毛

布紋方向

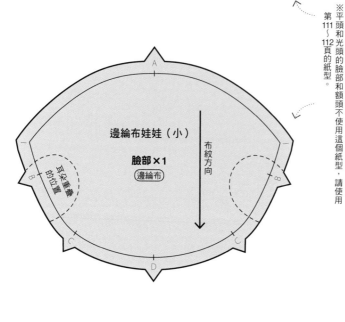

※平頭和光頭的臉部和額頭不使用這個紙型，請使用第111～112頁的紙型。

邊綸布娃娃（小）

下巴×1
（軟絨毛）

布紋方向

K
A
I

邊綸布娃娃（小）

臉部×1
（邊綸布）

布紋方向

A
B
C
D
B
C

耳朵重疊的位置

邊綸布娃娃（小）

下巴×1
（邊綸布）

布紋方向

B
C
D
C
B
G
G
H
M
H

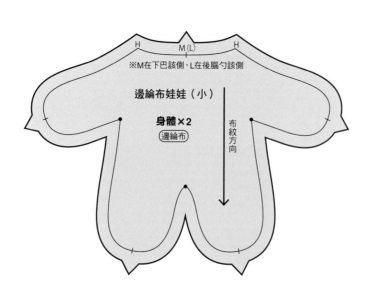

邊綸布娃娃（小）

身體×2
（邊綸布）

布紋方向

H
M（L）
H

※M在下巴該側，L在後腦勺該側

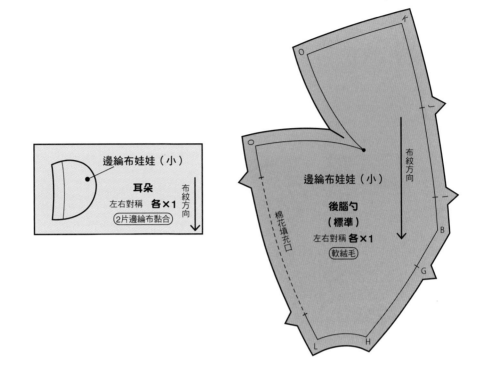

邊綸布娃娃（小）
耳朵
左右對稱 **各×1**
2片邊綸布黏合
布紋方向

邊綸布娃娃（小）
後腦勺
（標準）
左右對稱 **各×1**
軟絨毛
布紋方向
棉花填充口

O K
B
G
L H

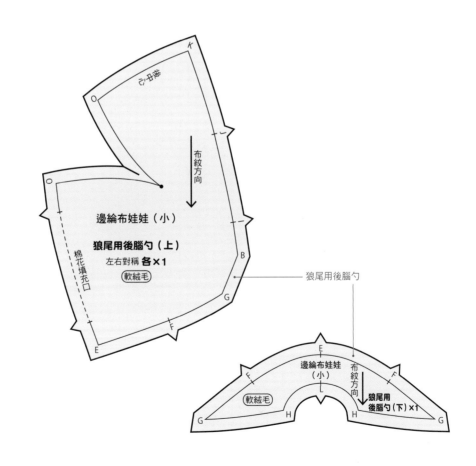

邊綸布娃娃（小）
狼尾用後腦勺（上）
左右對稱 **各×1**
軟絨毛
布紋方向
棉花填充口

O K
O
B
G
F
E

狼尾用後腦勺

邊綸布娃娃
（小）
軟絨毛
布紋方向
狼尾用後腦勺（下）×1

E
F F
G H L H G

※其他還需要頭部和身體的部件。

基本髮型

眼鏡×1
（硬毛氈）

眼鏡×1
（硬毛氈）

【基本髮型】
瀏海×1
軟絨毛和邊編布黏合

布紋方向

軟絨毛和邊編布黏合

軟絨毛

額頭

後腦勺（標準）

後腦勺（標準）

※軟絨毛娃娃（大）（中）依原尺寸大小列印
※邊編布娃娃（小）則縮小列印（65％）

★若為邊編布娃娃（小）的後腦勺（標準），使用第95頁的紙型（直到第112頁都相同）。

短直髮

※其他還需要頭部和身體的部件。

【短直髮】
鋸齒髮 ×1

B
I
G
J
K

[2片軟絨毛黏合]

布紋方向

B
G
I
J

軟絨毛和邊
繪布黏合

2片軟絨毛
黏合

軟絨毛

額頭

狼尾用
後腦勺
（上）

狼尾用
後腦勺
（上）

狼尾用後腦勺（下）

※這是軟絨毛娃娃
（中）和邊繪布娃
娃（小）的形狀

※這是軟絨毛娃娃
（大）的形狀

【短直髮】
瀏海 ×1

布紋方向

軟絨毛和邊繪布黏合

【短直髮】
狼尾 ×1

2片軟絨毛黏合

布紋方向

F
E
F

※軟絨毛娃娃（大）（中）依原尺寸大小列印
※邊繪布娃娃（小）則縮小列印（65%）

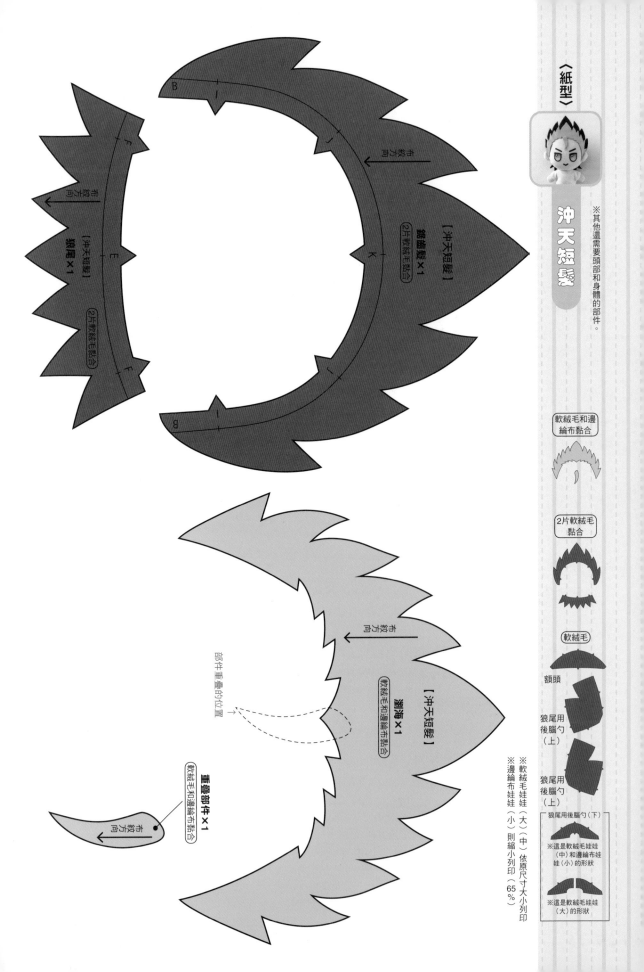

沖天短髮

※其他還需要頭部和身體的部件。

【沖天短髮】
鋸齒髮 ×1
2片軟絨毛黏合

【沖天短髮】
狼尾 ×1
2片軟絨毛黏合

【沖天短髮】
瀏海 ×1
軟絨毛和邊繪布黏合

布紋方向

部件重疊的位置

重疊部件 ×1
軟絨毛和邊繪布黏合

布紋方向

※軟絨毛娃娃（大）（中）依原尺寸大小列印
※邊繪布娃娃（小）則縮小列印（65%）

軟絨毛和邊繪布黏合

2片軟絨毛黏合

《軟絨毛》

額頭

狼尾用後腦勺（上）

狼尾用後腦勺（上）

狼尾用後腦勺（下）
※這是軟絨毛娃娃（中）和邊繪布娃娃（小）的形狀

※這是軟絨毛娃娃（大）的形狀

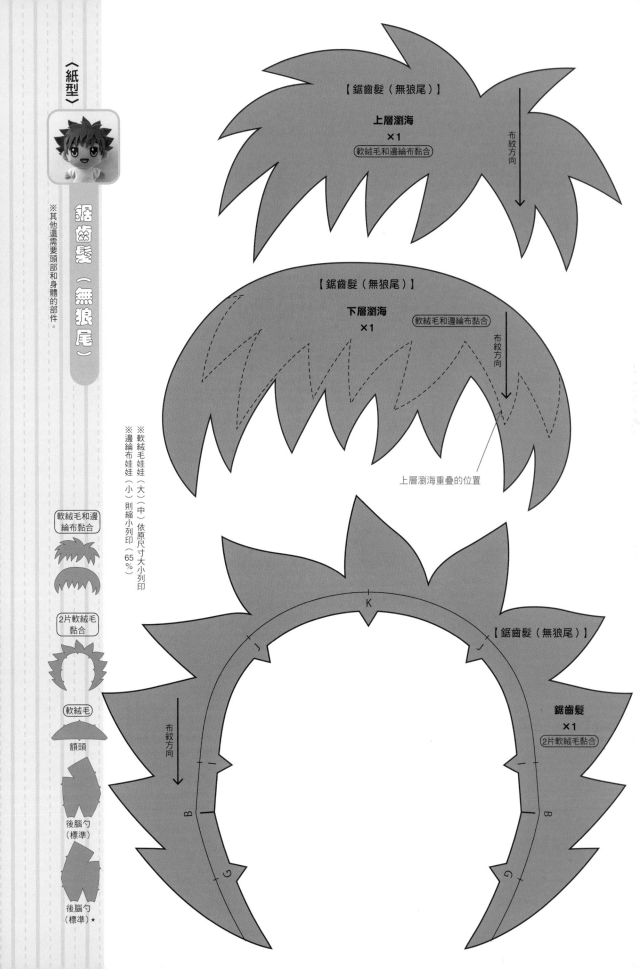

〈紙型〉

鋸齒髮（無狼尾）

※其他還需要頭部和身體的部件。

※軟絨毛娃娃（大）（中）依原尺寸大小列印
※邊緣布娃娃（小）則縮小列印（65％）

軟絨毛和邊緣布黏合

2片軟絨毛黏合

軟絨毛

額頭

後腦勺（標準）

後腦勺（標準）★

【鋸齒髮（無狼尾）】

上層瀏海

×1

軟絨毛和邊緣布黏合

布紋方向

【鋸齒髮（無狼尾）】

下層瀏海

×1

軟絨毛和邊緣布黏合

布紋方向

上層瀏海重疊的位置

【鋸齒髮（無狼尾）】

鋸齒髮

×1

2片軟絨毛黏合

布紋方向

K

J   J

B   B

G   G

鋸齒髮（有狼尾）

※其他還需要頭部和身體的部件。

【鋸齒髮（有狼尾）】

瀏海×1

（軟絨毛和邊繪布黏合）

布紋方向

【鋸齒髮（有狼尾）】

鋸齒髮×1

2片軟絨毛黏合

布紋方向

K

J　J

I　I

B　B

G　G

【鋸齒髮（有狼尾）】

狼尾×1

2片軟絨毛黏合

布紋方向

F　E　F

軟絨毛和邊繪布黏合

2片軟絨毛黏合

軟絨毛

額頭

狼尾用後腦勺（上）

狼尾用後腦勺（上）

狼尾用後腦勺（下）

※這是軟絨毛娃娃（中）和邊繪布娃娃（小）的形狀

※這是軟絨毛娃娃（大）的形狀

※軟絨毛娃娃（大）（中）依原寸大小列印
※邊繪布娃娃（小）則縮小列印（65%）

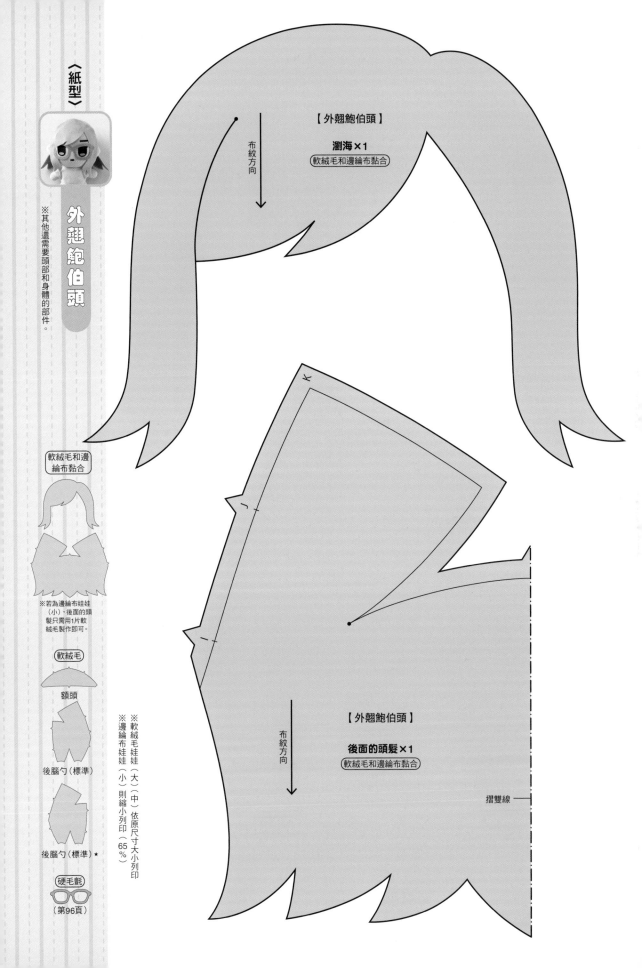

〈紙型〉

外翹鮑伯頭

※其他還需要頭部和身體的部件。

軟絨毛和邊綸布黏合

※若為邊綸布娃娃（小），後面的頭髮只需用1片軟絨毛製作即可。

軟絨毛

額頭

後腦勺（標準）

後腦勺（標準）★

硬毛氈

（第96頁）

※軟絨毛娃娃（大）（中）依原尺寸大小列印
※邊綸布娃娃（小）則縮小列印（65%）

【外翹鮑伯頭】

瀏海×1

軟絨毛和邊綸布黏合

布紋方向

【外翹鮑伯頭】

後面的頭髮×1

軟絨毛和邊綸布黏合

布紋方向

摺雙線

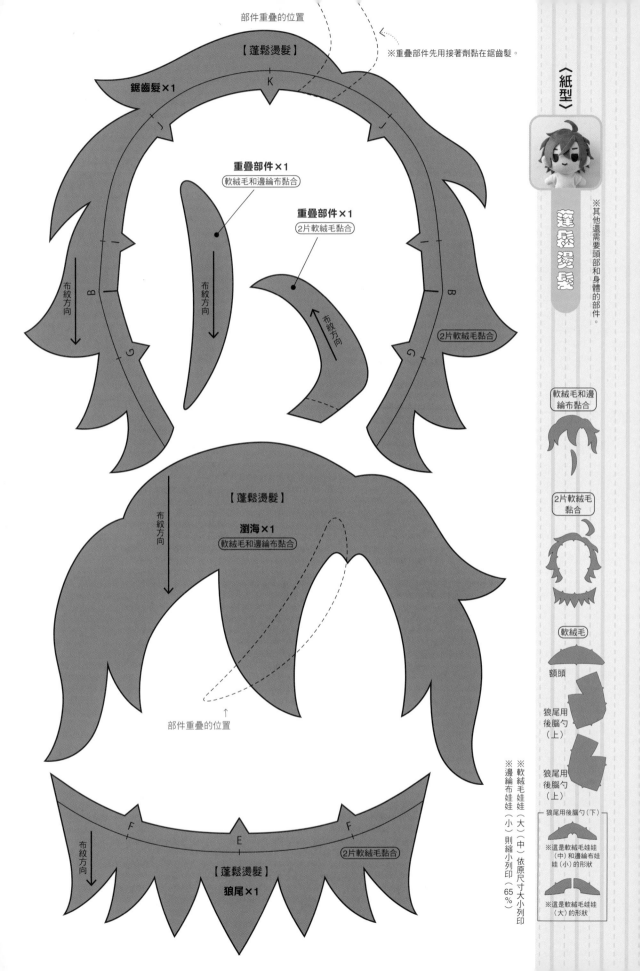

部件重疊的位置

※重疊部件先用接著劑黏在鋸齒髮。

【蓬鬆燙髮】

鋸齒髮×1

K

J

重疊部件×1
軟絨毛和邊緣布黏合

重疊部件×1
2片軟絨毛黏合

布紋方向

B

G

布紋方向

布紋方向

2片軟絨毛黏合

B

G

《紙型》

蓬鬆燙髮

※其他還需要頭部和身體的部件。

軟絨毛和邊緣布黏合

2片軟絨毛黏合

軟絨毛

額頭

狼尾用後腦勺（上）

狼尾用後腦勺（上）

狼尾用後腦勺（下）

※這是軟絨毛娃娃（中）和邊緣布娃娃（小）的形狀

※這是軟絨毛娃娃（大）的形狀

【蓬鬆燙髮】

瀏海×1
軟絨毛和邊緣布黏合

布紋方向

部件重疊的位置
↑

F

E

F

2片軟絨毛黏合

布紋方向

【蓬鬆燙髮】

狼尾×1

※軟絨毛娃娃（大）（中）依原尺寸大小列印
※邊緣布娃娃（小）則縮小列印（65％）

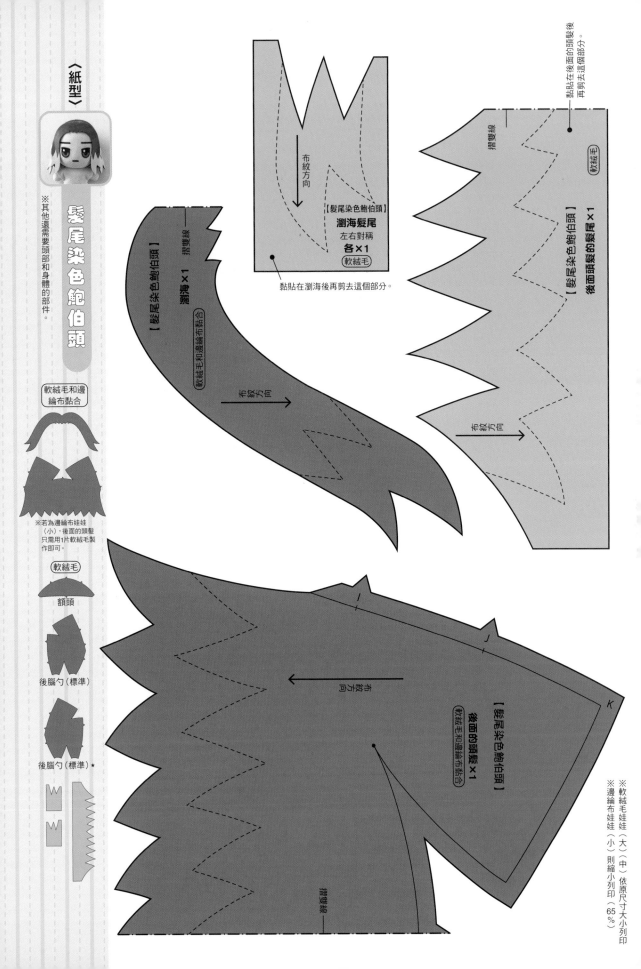

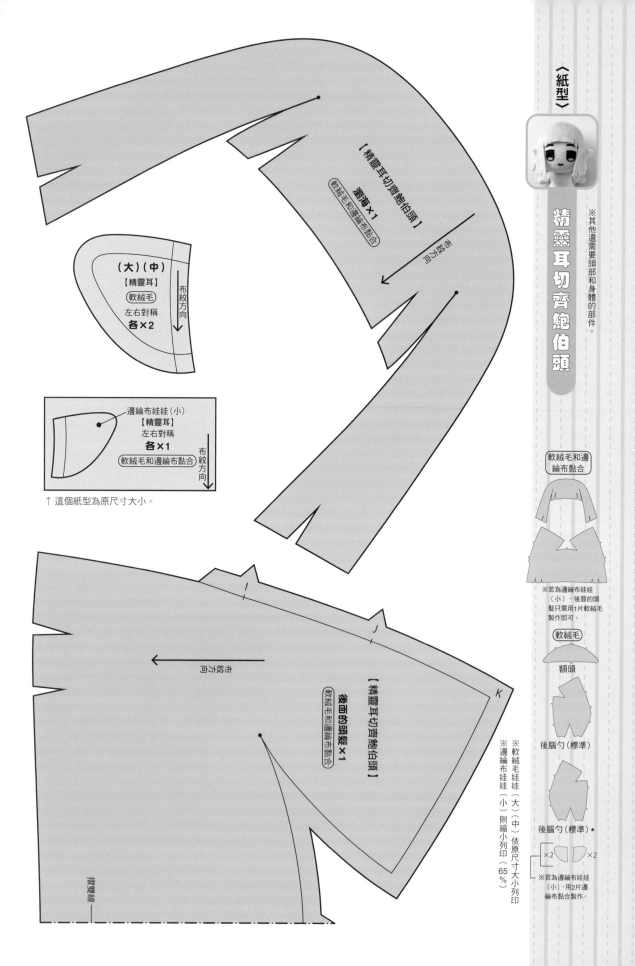

※其他還需要頭部和身體的部件。

精靈耳切齊鮑伯頭

軟絨毛和邊緣布黏合

※若為邊緣布娃娃（小），後面的頭髮只需用1片軟絨毛製作即可。

軟絨毛

額頭

後腦勺（標準）

後腦勺（標準）★

×2 ×2

※若為邊緣布娃娃（小），用2片邊緣布黏合製作。

[精靈耳切齊鮑伯頭]
瀏海×1
軟絨毛和邊緣布黏合
布紋方向

（大）（中）
【精靈耳】
軟絨毛
左右對稱
各×2
布紋方向

邊緣布娃娃（小）
【精靈耳】
左右對稱
各×1
軟絨毛和邊緣布黏合
布紋方向

↑ 這個紙型為原尺寸大小。

[精靈耳切齊鮑伯頭]
後面的頭髮×1
軟絨毛和邊緣布黏合
布紋方向

※軟絨毛娃娃（大）（中）依原尺寸大小列印
※邊緣布娃娃（小）則縮小列印（65%）

摺雙線

〈紙型〉

挑染長髮①

※其他還需要頭部和身體的部件。

馬尾①

※軟絨毛娃娃（大）（中）依原尺寸大小列印
※邊綸布娃娃（小）則縮小列印（65％）

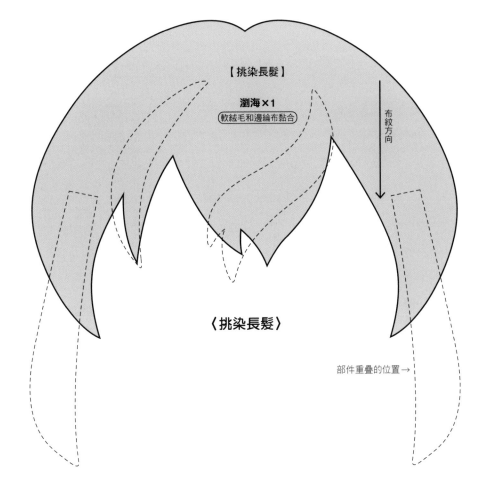

【挑染長髮】

瀏海×1

軟絨毛和邊綸布黏合

布紋方向

〈挑染長髮〉

部件重疊的位置→

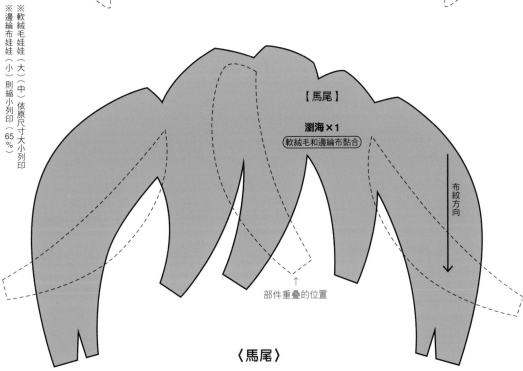

【馬尾】

瀏海×1

軟絨毛和邊綸布黏合

布紋方向

部件重疊的位置

〈馬尾〉

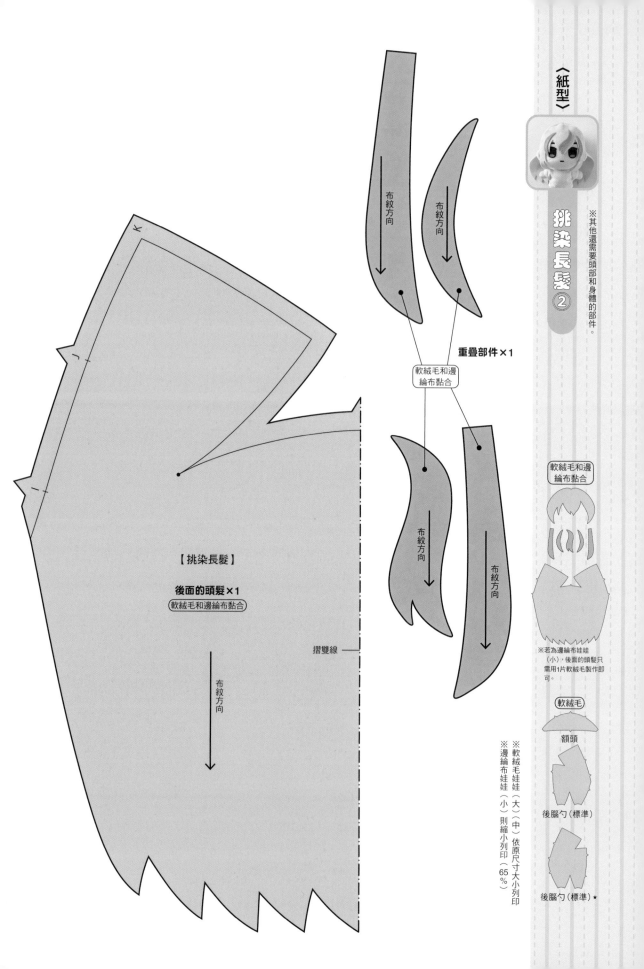

※其他還需要頭部和身體的部件。

挑染長髮②

布紋方向

布紋方向

重疊部件×1

軟絨毛和邊緣布黏合

軟絨毛和邊緣布黏合

※若為邊緣布娃娃（小），後面的頭髮只需用1片軟絨毛製作即可。

軟絨毛

額頭

後腦勺（標準）

後腦勺（標準）★

布紋方向

布紋方向

【挑染長髮】

後面的頭髮×1

軟絨毛和邊緣布黏合

摺雙線

布紋方向

※軟絨毛娃娃（大）（中）依原尺寸大小列印
※邊緣布娃娃（小）則縮小列印（65％）

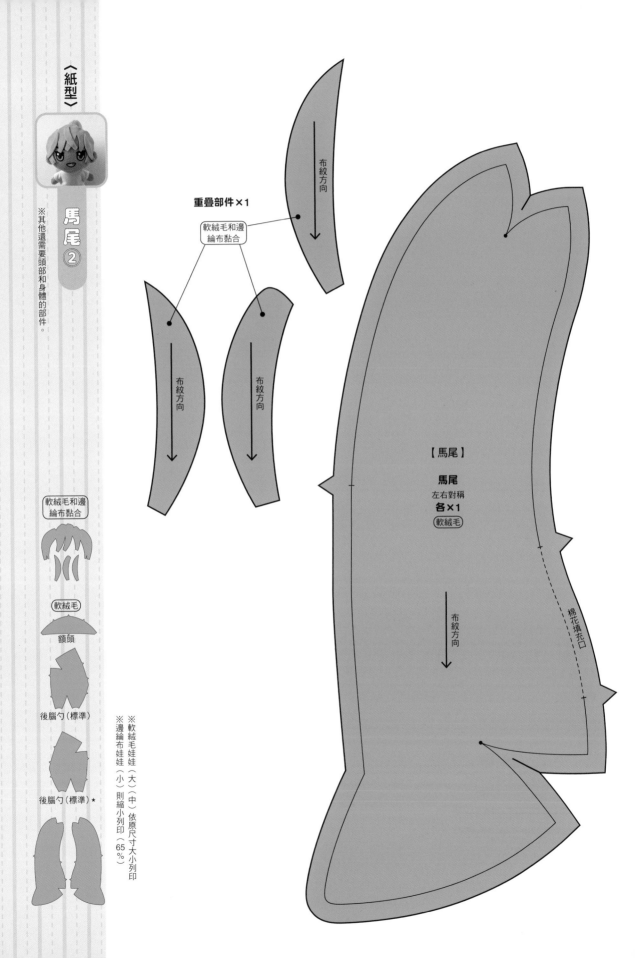

〈紙型〉

馬尾 ②

※其他還需要頭部和身體的部件。

軟絨毛和邊
緄布黏合

軟絨毛
額頭

後腦勺（標準）

後腦勺（標準）★

※軟絨毛娃娃（大）（中）依原尺寸大小列印
※邊緄布娃娃（小）則縮小列印（65％）

重疊部件×1

軟絨毛和邊
緄布黏合

布紋方向

布紋方向

布紋方向

【馬尾】

馬尾
左右對稱
各×1
軟絨毛

布紋方向

棉花填充口

※其他還需要頭部和身體的部件。

※軟絨毛娃娃（大）（中）依原尺寸大小列印
※邊繪布娃娃（小）則縮小列印（65%）

【貓耳雙馬尾】
瀏海 ×1
軟絨毛和邊繪布黏合

布紋方向

【貓耳】
（大）（中）
羊毛氈
內耳
左右對稱　各 ×1

【貓耳】
（大）（中）
軟絨毛
外耳
左右對稱　各 ×2

布紋方向

布紋方向

又耳互相重疊的寬度

布紋方向

【貓耳雙馬尾】
瀏海髮尾
左右對稱　各 ×1
軟絨毛

黏貼在瀏海後再剪去這個部分。

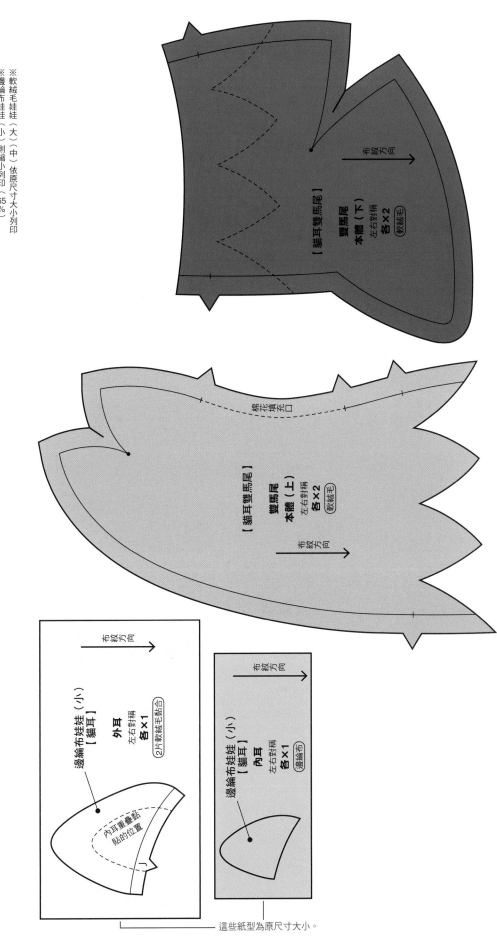

※軟絨毛娃娃（大）（中）依原尺寸大小列印
※邊縫布娃娃（小）則縮小列印（65%）

軟絨毛和邊
縫布黏合

軟絨毛
額頭

後腦勺（標準）

後腦勺（標準）★

×2   ×2

×2   ×2

×2   ×2

※若為邊縫布娃娃
（小），用2片軟
絨毛黏合製作。

羊毛氈

※若為邊縫布娃娃
（小），用邊縫布
製作。

[貓耳雙馬尾]
雙馬尾
本體（下）
左右對稱
各×2
軟絨毛

布紋方向

棉花填充口

[貓耳雙馬尾]
雙馬尾
本體（上）
左右對稱
各×2
軟絨毛

布紋方向

布紋方向

邊縫布娃娃（小）
[貓耳]
外耳
左右對稱
各×1
2片軟絨毛黏合

內耳重疊黏
貼的位置

布紋方向

邊縫布娃娃（小）
[貓耳]
內耳
左右對稱
各×1
邊縫布

這些紙型為原尺寸大小。

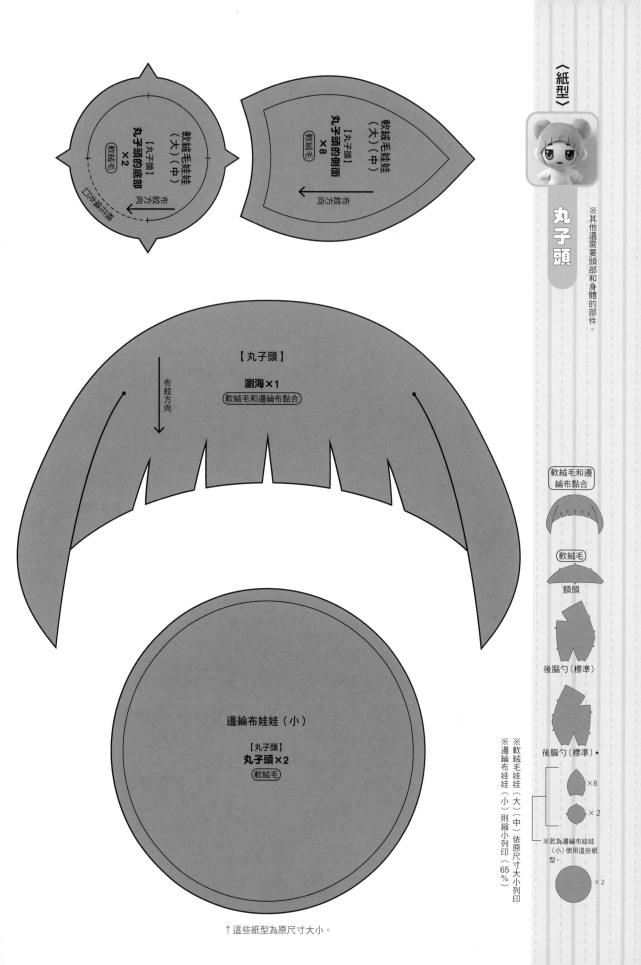

軟絨毛娃娃（大）（中）
【丸子頭】
丸子頭的底部
×2
軟絨毛

口的返縫開口

布紋方向

軟絨毛娃娃（大）（中）
【丸子頭】
丸子頭的側面
×8
軟絨毛

布紋方向

【丸子頭】

瀏海×1
軟絨毛和邊繪布黏合

布紋方向

邊繪布娃娃（小）

【丸子頭】
丸子頭×2
軟絨毛

軟絨毛和邊繪布黏合

軟絨毛

額頭

後腦勺（標準）

後腦勺（標準）★

×8

×2

※若為邊繪布娃娃（小）使用這些紙型

×2

※軟絨毛娃娃（大）（中）依原尺寸大小列印
※邊繪布娃娃（小）則縮小列印（65％）

↑這些紙型為原尺寸大小。

光頭

※其他還需要頭部和身體的部件。

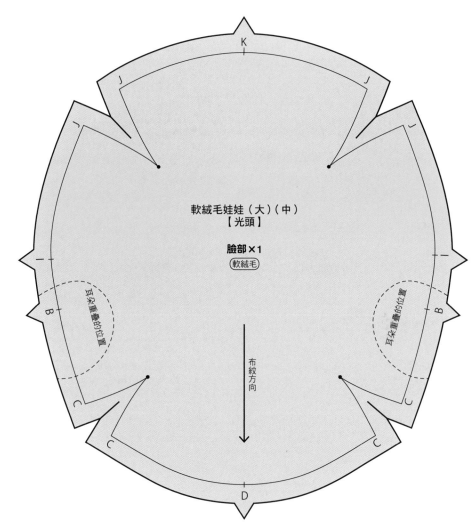

K

J J

軟絨毛娃娃（大）（中）
【光頭】

臉部×1

(軟絨毛)

耳朵重疊的位置

耳朵重疊的位置

布紋方向

B B

C C

C C

D

(軟絨毛)

後腦勺（標準）

後腦勺（標準）★

臉部（光頭）

※若為邊綸布娃娃（小）全部使用邊綸布製作。

※原尺寸大小

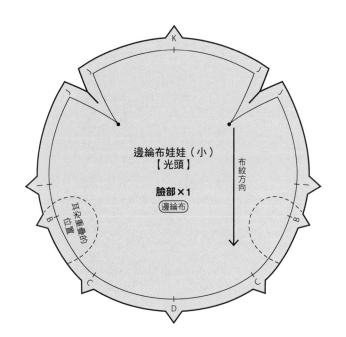

K

J J

邊綸布娃娃（小）
【光頭】

臉部×1

(邊綸布)

耳朵重疊的位置

布紋方向

B B

C C

D

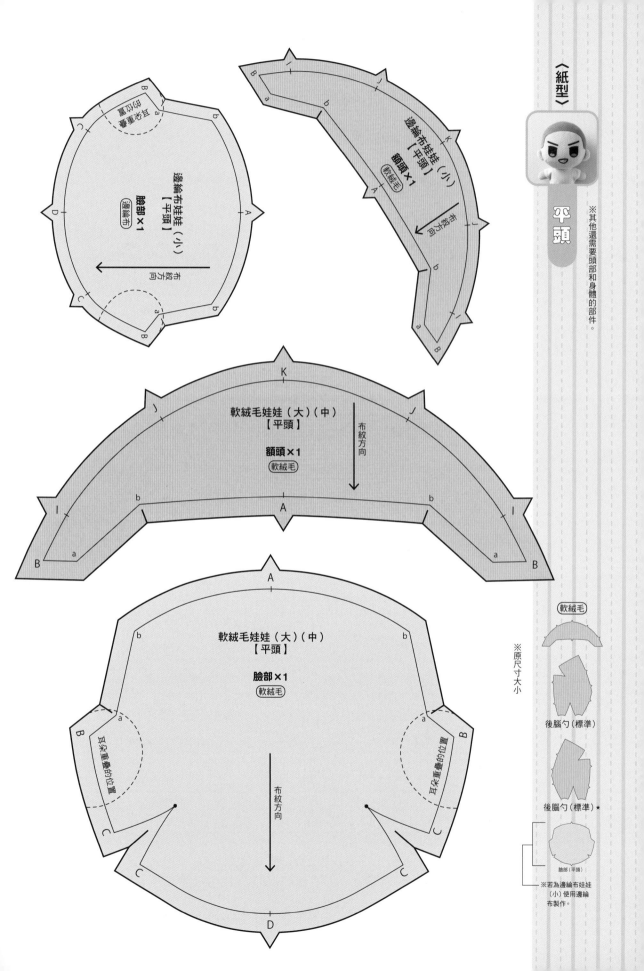

邊綸布娃娃（小）
【平頭】
臉部 × 1
邊綸布
布紋方向

邊綸布娃娃（小）
【平頭】
額頭 × 1
軟絨毛
布紋方向

軟絨毛娃娃（大）（中）
【平頭】
額頭 × 1
軟絨毛
布紋方向

軟絨毛娃娃（大）（中）
【平頭】
臉部 × 1
軟絨毛
耳朵重疊的位置
布紋方向

※原尺寸大小

軟絨毛

後腦勺（標準）

後腦勺（標準）★

臉部（平頭）

※若為邊綸布娃娃（小）使用邊綸布製作。

〈紙型〉

T恤（大）

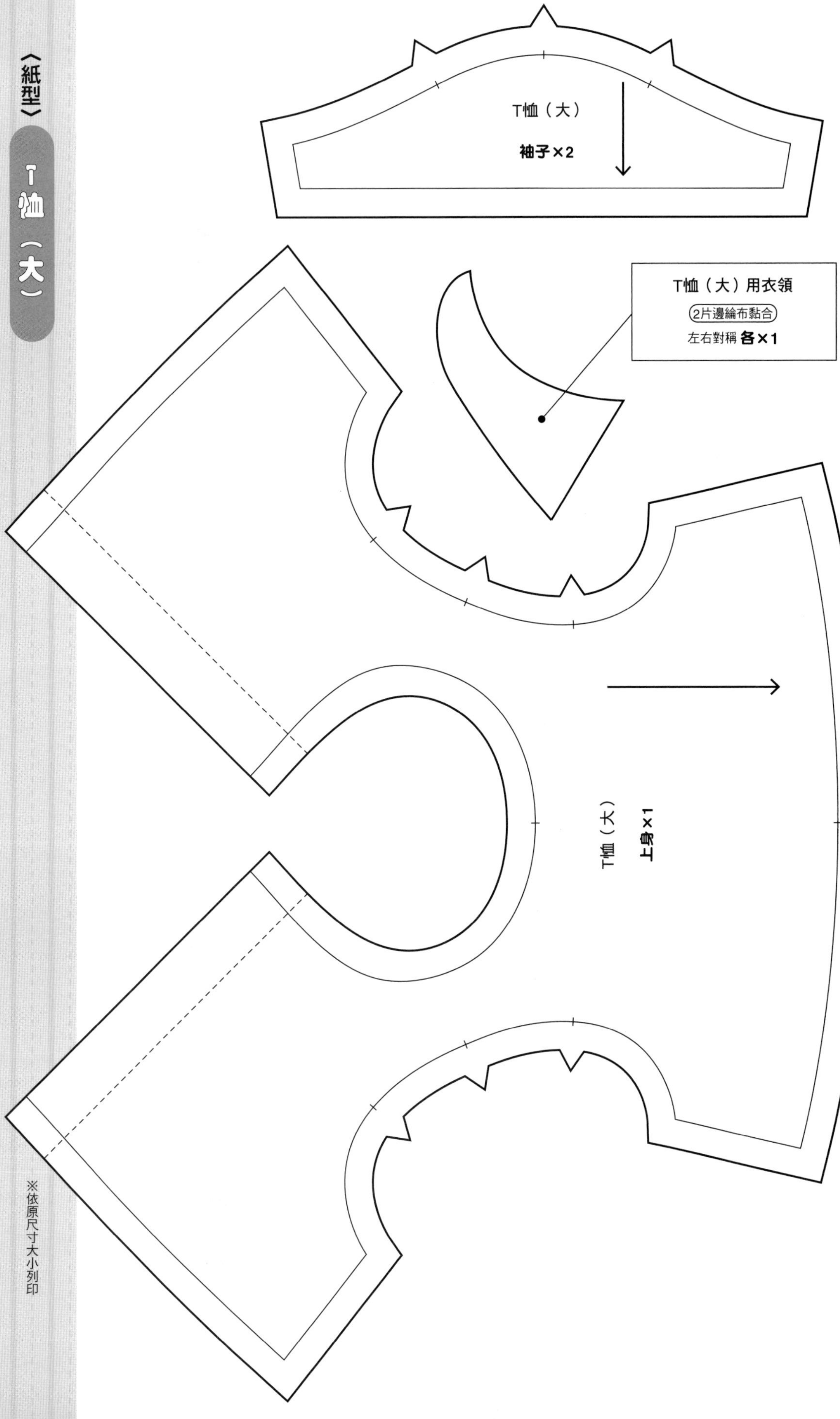

T恤（大）
袖子×2
T恤（大）用衣領
2片邊綸布黏合
左右對稱 各×1
T恤（大）
上身×1

※依原尺寸大小列印

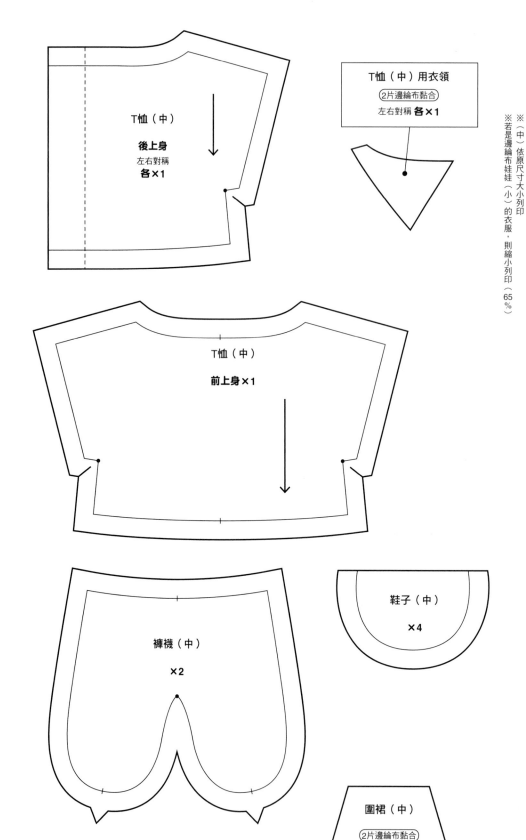

T恤（中）用衣領
(2片邊緣布黏合)
左右對稱 各×1

T恤（中）
後上身
左右對稱
各×1

T恤（中）
前上身×1

鞋子（中）
×4

褲襪（中）
×2

圍裙（中）
(2片邊緣布黏合)
×1

※（中）依原尺寸大小列印
※若是邊緣布娃娃（小）的衣服，則縮小列印（65%）

※若是軟絨毛娃娃（大）的衣服，則放大列印（170%）
※若是邊緣布娃娃（小）的衣服，則縮小列印（65%）

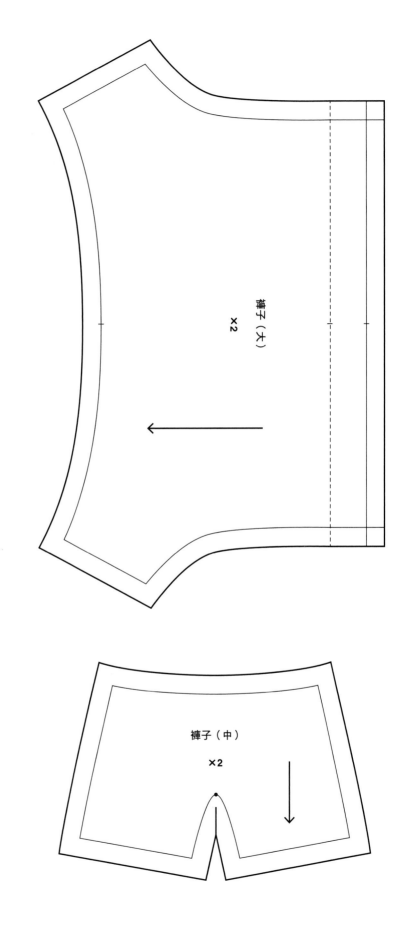

《紙型》

褲子（大）

※依原尺寸大小列印

褲子（大）

×2

《紙型》

褲子（中）

※（中）依原尺寸大小列印
※若是邊緣布娃娃（小）的衣
服，則縮小列印（65%）

褲子（中）

×2

裙子

※依原尺寸大小列印

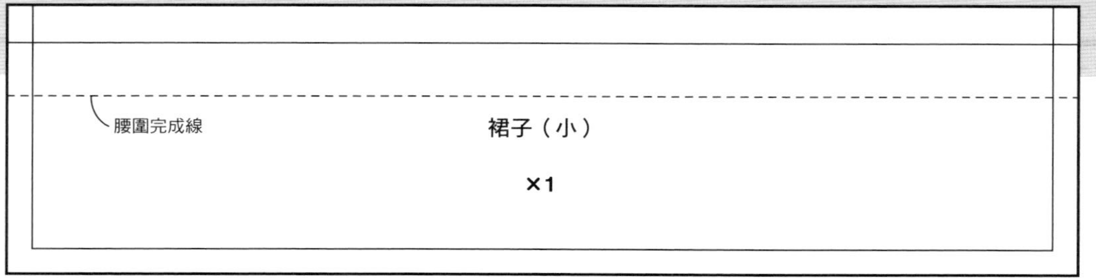

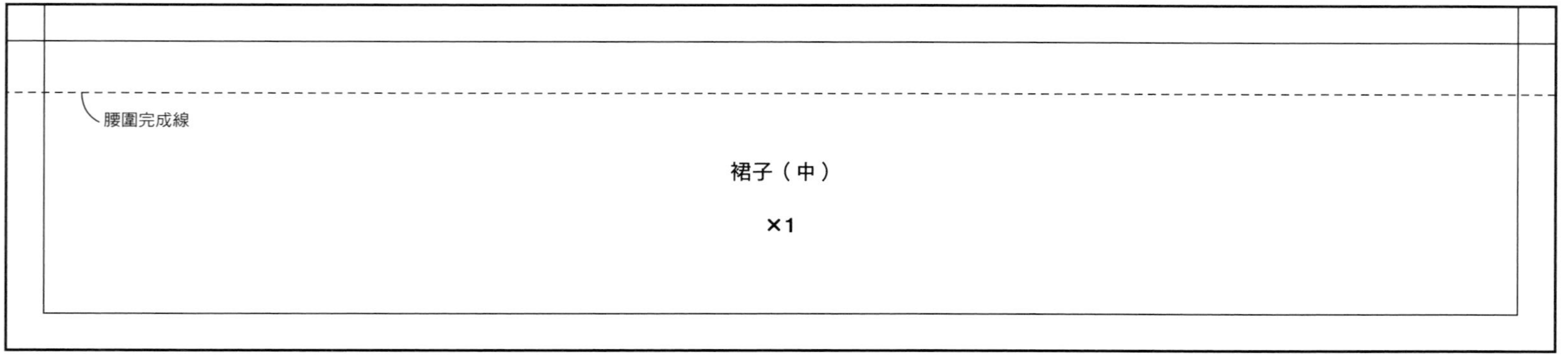

裙子（大）
×1

腰圍完成線

裙子（中）
×1

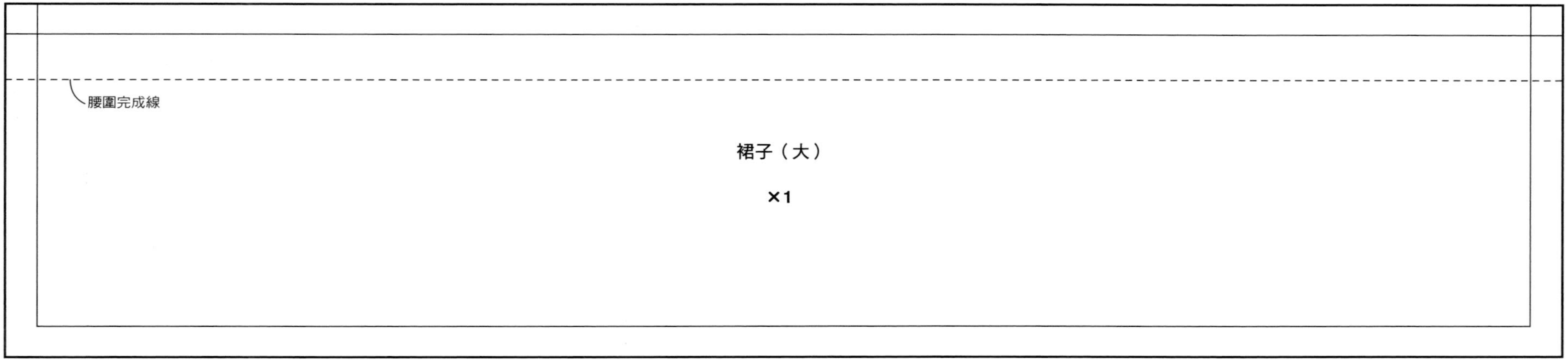

腰圍完成線

裙子（小）
×1

腰圍完成線

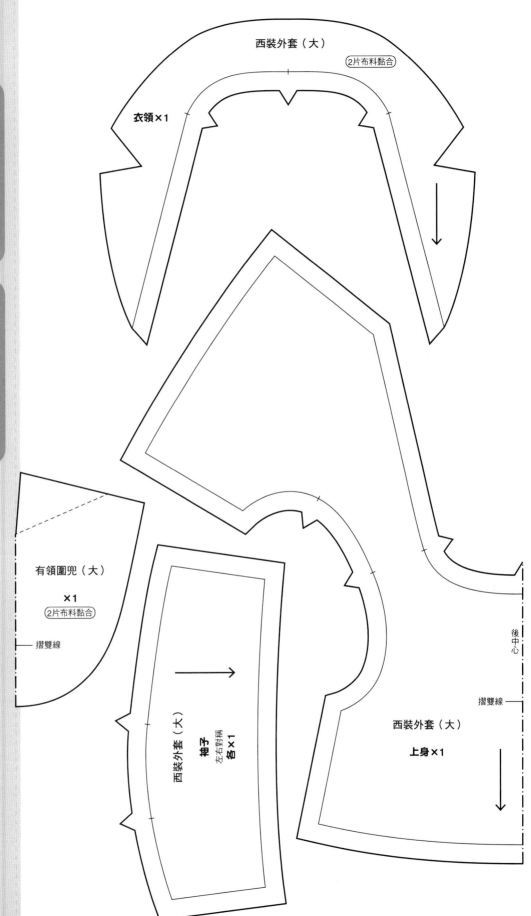

〈紙型〉

西裝外套（大）

有領圍兜（大）

西裝外套（大）

2片布料黏合

衣領×1

有領圍兜（大）

×1

2片布料黏合

摺雙線

西裝外套（大）

袖子

左右對稱

各×1

西裝外套（大）

上身×1

後中心

摺雙線

※依原尺寸大小列印

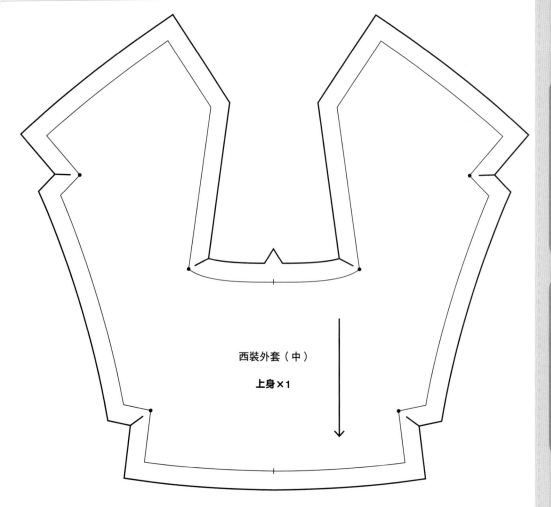

西裝外套（中）

上身×1

西裝外套（中）　2片布料黏合

衣領×1

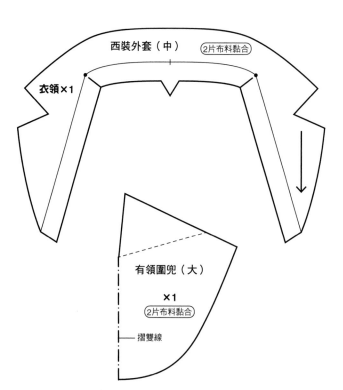

有領圍兜（大）

×1

2片布料黏合

摺雙線

※（中）依原尺寸大小列印
※若是邊緣布娃娃（小）的衣服，則縮小列印（65％）

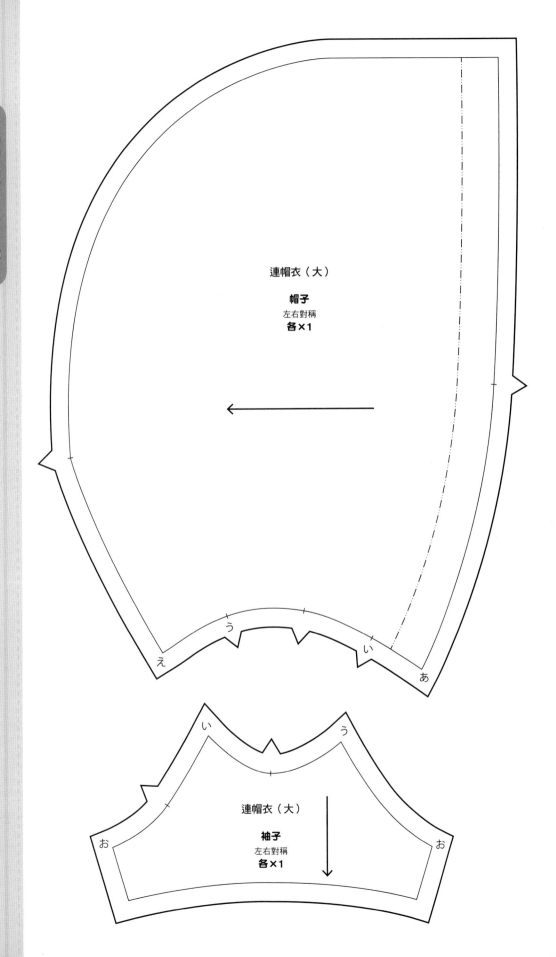

連帽衣（大）

帽子
左右對稱
各×1

連帽衣（大）

袖子
左右對稱
各×1

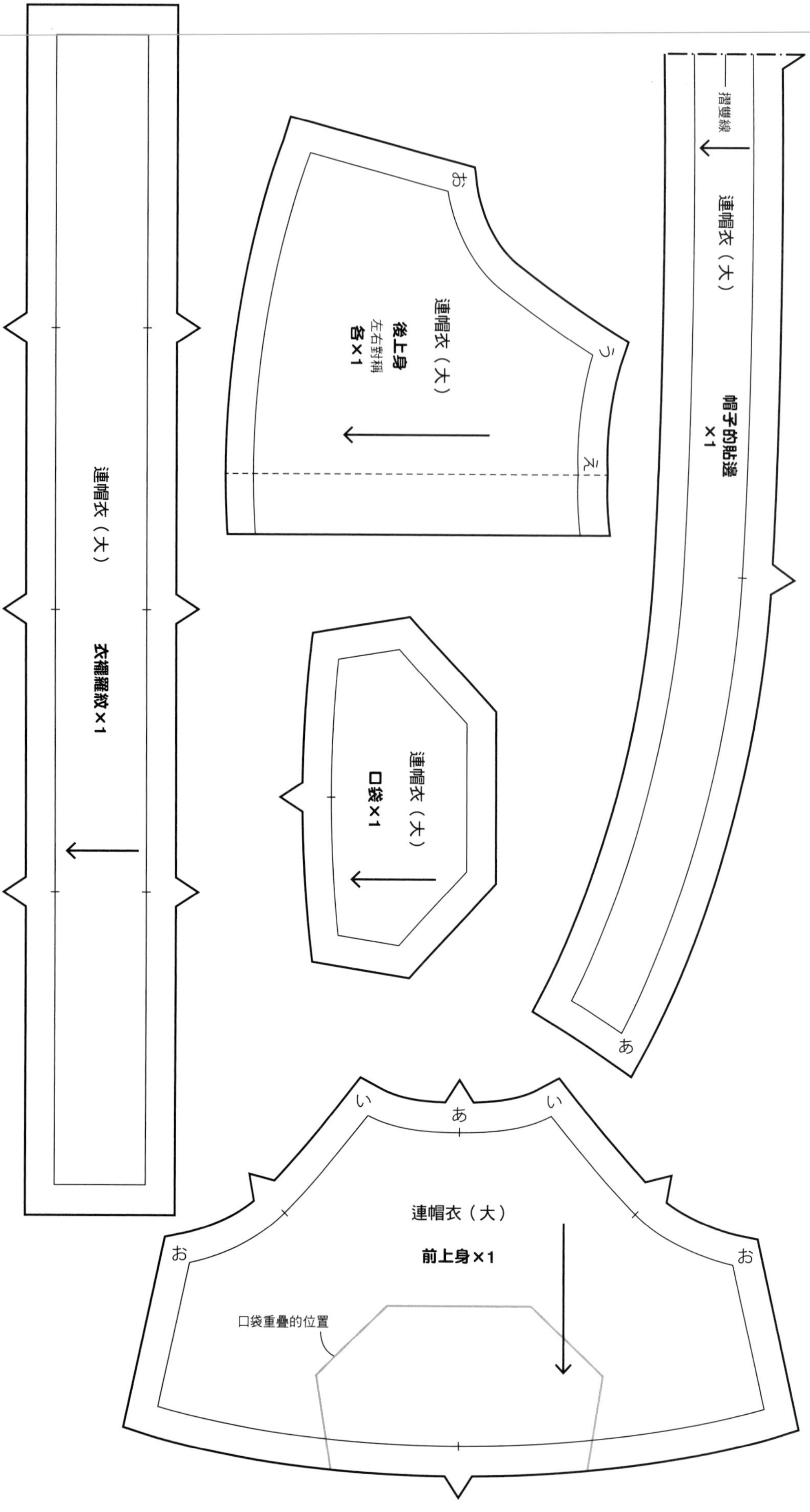

連帽衣（大）

帽子的貼邊
×1

摺雙線

連帽衣（大）
後上身
左右對稱
各×1

連帽衣（大）
衣襬羅紋×1

連帽衣（大）
口袋×1

連帽衣（大）

前上身×1

口袋重疊的位置

あ お う え あ あ い い お お

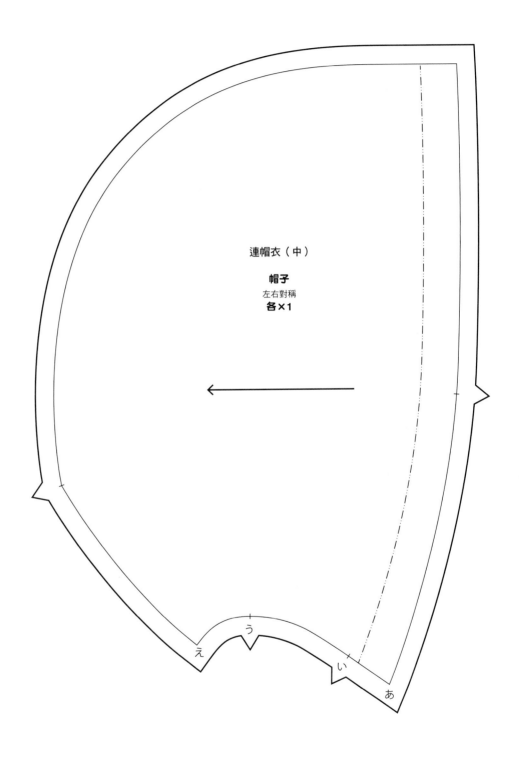

連帽衣（中）

帽子

左右對稱

各×1

え　う　い　あ

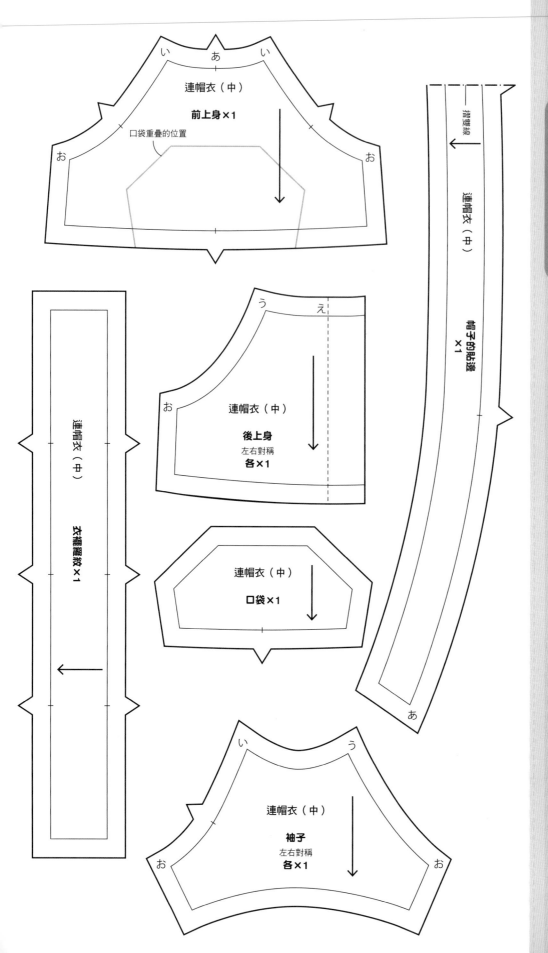

連帽衣（中）

前上身×1

口袋重疊的位置

連帽衣（中）

摺雙線

帽子的貼邊
×1

連帽衣（中）

後上身
左右對稱
各×1

連帽衣（中）

衣襬羅紋×1

連帽衣（中）

口袋×1

連帽衣（中）

袖子
左右對稱
各×1

※（中）依原尺寸大小列印
※若是邊綸布娃娃（小）的衣服，則縮小列印（65％）

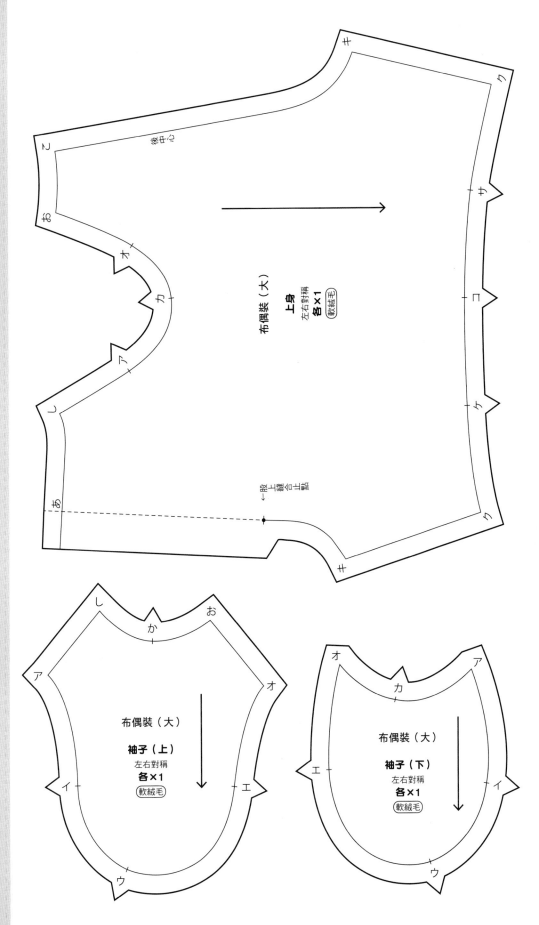

布偶裝（大）

上身
左右對稱
各×1
軟絨毛

後中心

←股上縫合止點

布偶裝（大）

袖子（上）
左右對稱
各×1
軟絨毛

布偶裝（大）

袖子（下）
左右對稱
各×1
軟絨毛

※依原尺寸大小列印

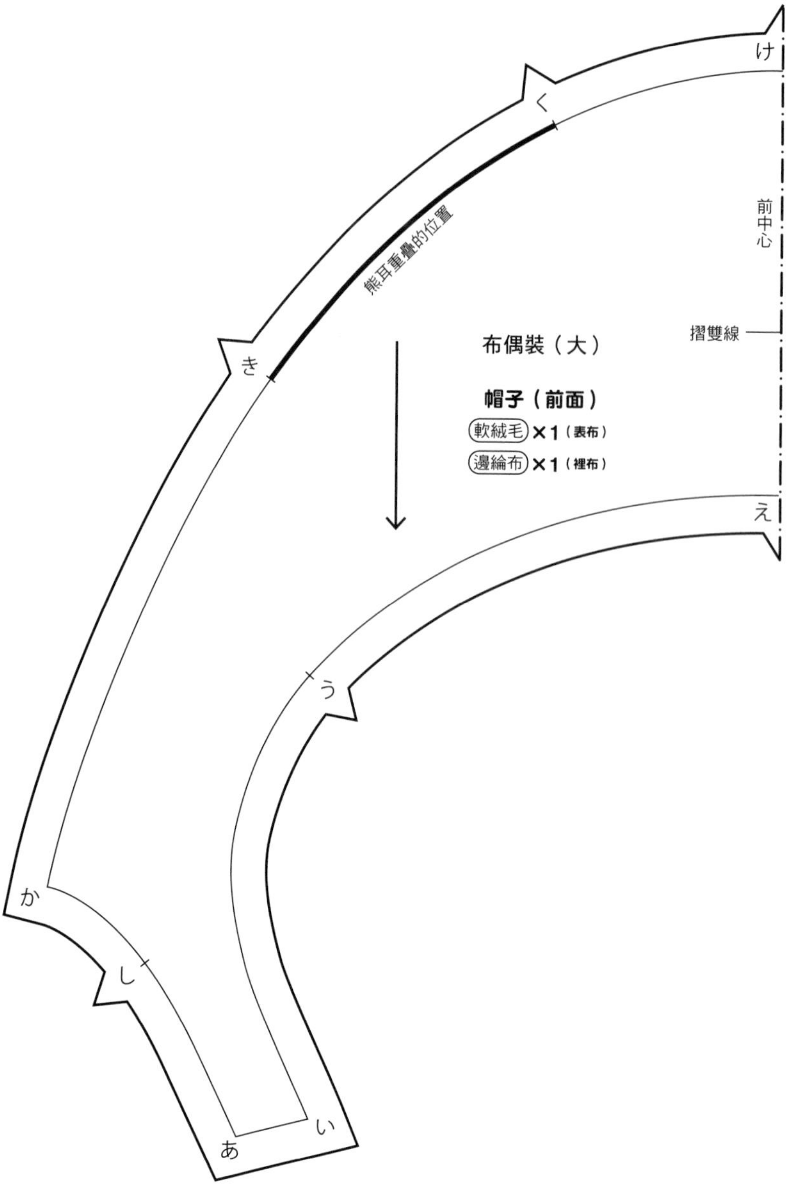

け

く

熊耳重疊的位置

前中心

摺雙線

布偶裝（大）

帽子（前面）

軟絨毛 ×1（表布）
邊綸布 ×1（裡布）

き

え

う

か

し

あ

い

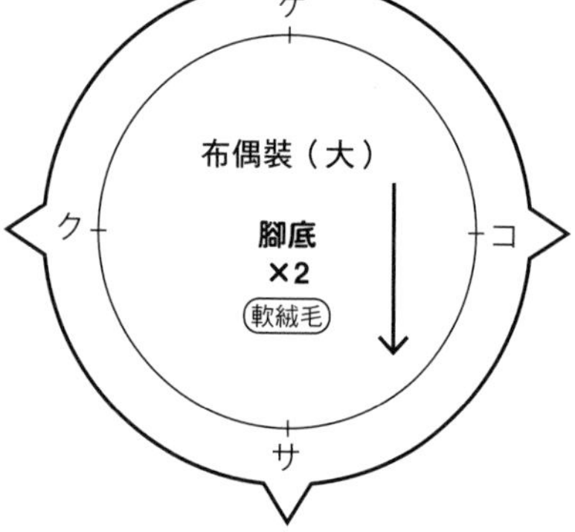

ケ

布偶裝（大）

腳底
×2

軟絨毛

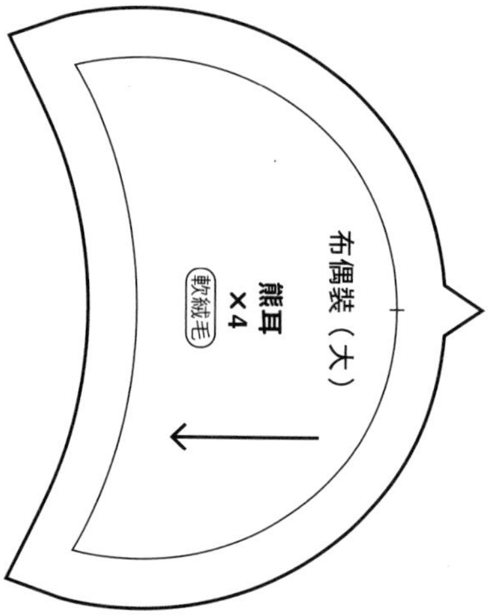

ク

コ

サ

布偶裝（大）

熊耳
×4

軟絨毛

※依原尺寸大小列印

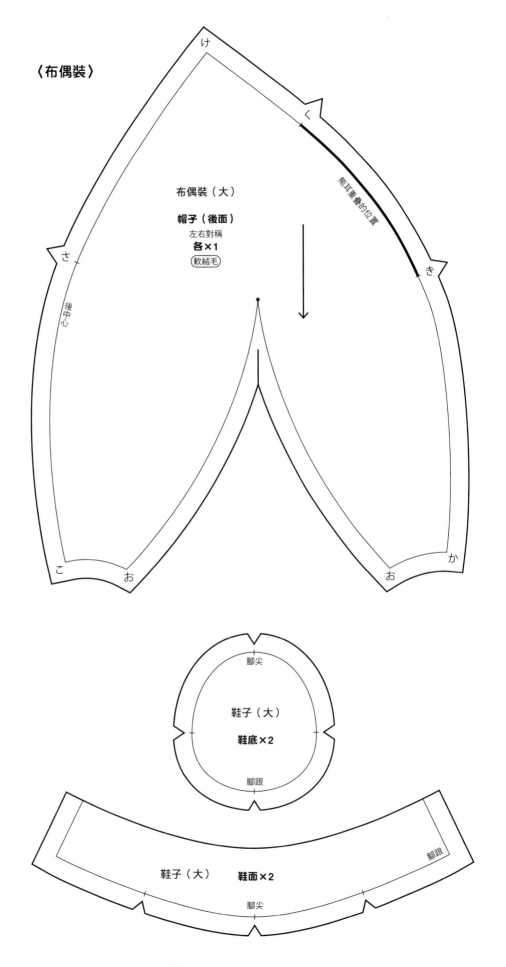

〈布偶裝〉

布偶裝（大）

帽子（後面）

左右對稱

各×1

軟絨毛

け

く

熊耳貼縫的位置

き

さ

後中心

こ　　お

か　　お

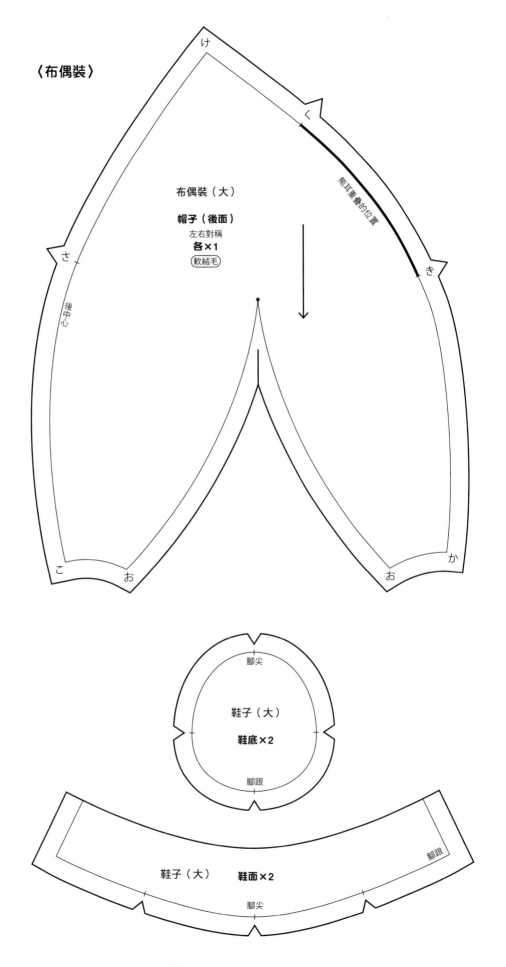

〈紙型〉

鞋子（大）

※依原尺寸大小列印

腳尖

鞋子（大）

鞋底×2

腳跟

腳跟

鞋子（大）　**鞋面×2**

腳尖

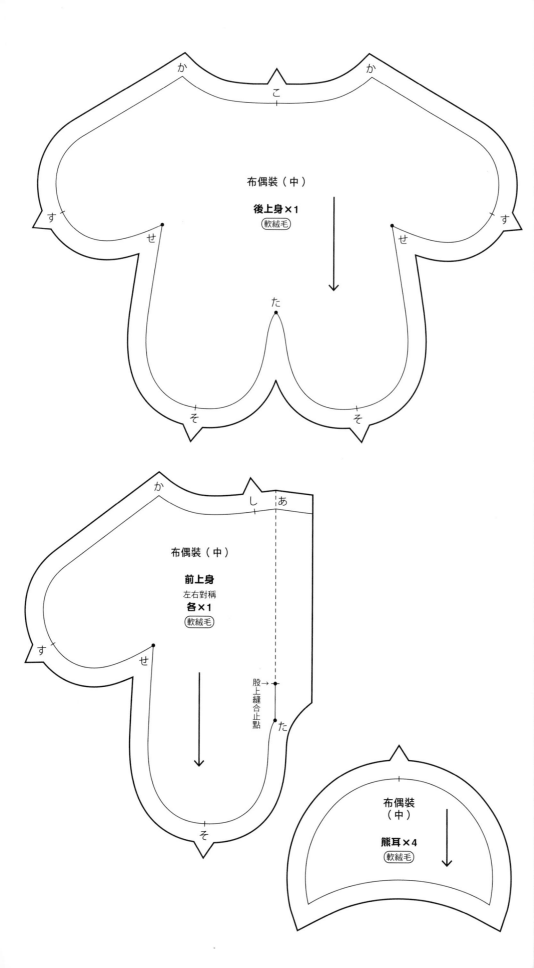

布偶裝（中）

後上身×1
軟絨毛

布偶裝（中）

前上身
左右對稱
各×1
軟絨毛

股上縫合止點

布偶裝
（中）

熊耳×4
軟絨毛

※〈中〉依原尺寸大小列印
※若是邊綸布娃娃〈小〉的衣服，則縮小列印（65％）

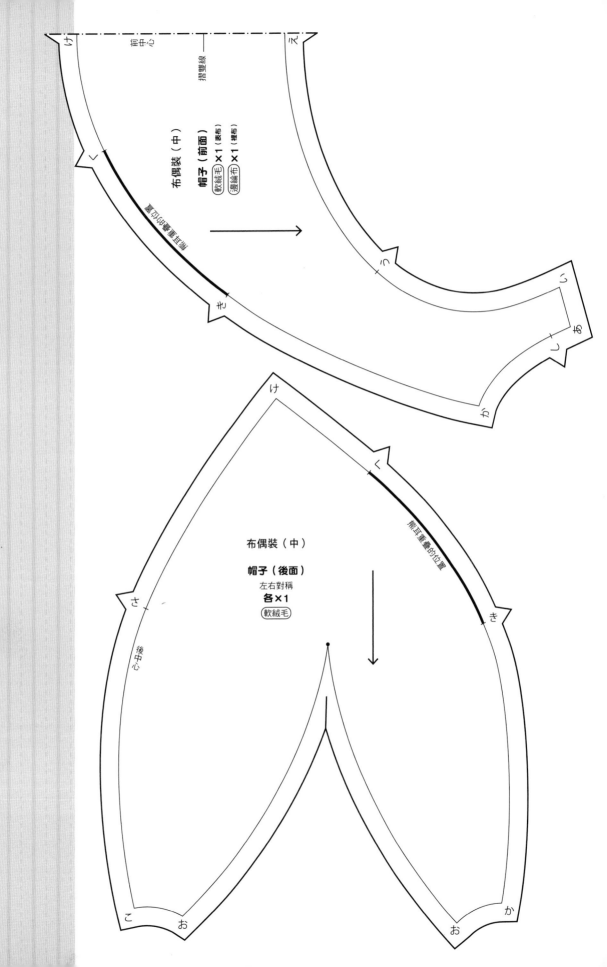

布偶裝（中）

帽子（前面）

軟絨毛 ×1（表布）
漫絹布 ×1（裡布）

前中心

摺雙線

橫目畫畫的位置

け
え
く
き
そ
う
う
あ
し
か

布偶裝（中）

帽子（後面）
左右對稱
各×1
軟絨毛

け
く
き
さ
後中心
横目畫畫的位置
こ
お
か
お

profile

平栗AZUSA　Azusa Hirakuri

布偶娃娃打版師。
在玩具廠商擔任布偶娃娃和角色商品的企劃設計師後，於2012年決定和另一半一同成立刺繡工房。在設計與製作服飾、雜貨和偶像服飾等刺繡設計之餘，也是一名布偶娃娃打版師，從事角色布偶、娃娃服飾和扭蛋玩具的紙型設計，還經營了線上商店「布偶娃娃布料屋」，銷售布偶娃娃的材料。

https://shop.nuigurumi-fabric.com
Twitter：@nuigurumifabric

Staff

紙型與插畫	平栗AZUSA
刺繡製作	nakato
漫畫	minica
攝影	橫山君繪
設計與DTP	佐佐木惠實（DUGHOUSE）
編輯	荻生彩（Graphic社）

可換裝布偶 手作偶像娃娃 Book

作　　者	平栗AZUSA
翻　　譯	黃姿頤
發　　行	陳偉祥
出　　版	北星圖書事業股份有限公司
地　　址	234新北市永和區中正路462號B1
電　　話	886-2-29229000
傳　　真	886-2-29229041
網　　址	www.nsbooks.com.tw
E−MAIL	nsbook@nsbooks.com.tw
劃撥帳戶	北星文化事業有限公司
劃撥帳號	50042987
製版印刷	皇甫彩藝印刷股份有限公司
出 版 日	2023年08月
ＩＳＢＮ	978-626-7062-60-9
定　　價	460元

如有缺頁或裝訂錯誤，請寄回更換。

國家圖書館出版品預行編目(CIP)資料

可換裝布偶 手作偶像娃娃Book / 平栗AZUSA作；
黃姿頤翻譯. -- 新北市：北星圖書事業股份有限公司, 2023.08
128面；18.2×25.7公分
ISBN 978-626-7062-60-9(平裝)

1.CST: 洋娃娃 2.CST: 手工藝
426.78　　　　　　　　　　　112001820

官方網站　　　臉書粉絲專頁　　　LINE 官方帳號

關於紙型

◆運用本書刊載的紙型，製作出自己的布偶作品，可以當作個人商品在市集、跳蚤市場網站和線上商店販售。但是販售時一定要標明使用了本書的紙型以及本書的作者姓名，作為銷售和商品銷售的說明。
◆有關運用本書紙型製作的作品銷售和創作作品的權利關係，創作者和第三方發生糾紛時，本書作者和出版社一概不予以負責，還請事先了解。
◆本書紙型也可以運用在教育機構或福利設施等非營利活動。

禁止事項

◆銷售和公開使用本書紙型製作的作品時，添加了性或暴力等設計改造，或在作品添加可能會違反社會秩序與善良風俗的改造。
◆因營利目的的發送（印刷品、資料等公開媒體而且不論收費與否）本書紙型的複製品（或經過變更後的紙型）。
◆使用本書紙型銷售手工藝套組、使用本書紙型舉辦有營利目的的教室或工作坊等活動。

有關下列事項請務必與作者或出版社聯絡。
◆要工業生產或有組織的販售運用本書紙型創作的作品時。